사계절의 티 레시피

사계절의 티 레시피

—

2024년 10월 20일 1판 1쇄 인쇄
2024년 10월 28일 1판 1쇄 발행

—

지은이 유지혜
펴낸이 이상훈
펴낸곳 책밥
주소 03986 서울시 마포구 동교로23길 116 3층
전화 번호 02-582-6707
팩스 번호 02-335-6702
홈페이지 www.bookisbab.co.kr
등록 2007. 1. 31. 제313-2007-126호

—

기획·진행 권경자
디자인 디자인허브
사진 3355스튜디오

—

ISBN 979-11-93049-55-6 (13590)
정가 34,000원

ⓒ 유지혜, 2024

책밥은 (주)오렌지페이퍼의 출판 브랜드입니다.

TEA RECIPE
OF THE
FOUR SEASONS

사계절의 티 레시피

유지혜 지음

책밥

차 한 잔이 우리의 일상을 어떻게 바꿀 수 있을까요? 차를 우리는 일은 그저 마실 만한 음료를 만드는 것 이상으로, 그 순간에 몰입하게 만들며 새로운 감각을 선사합니다.

저는 차를 마시는 순간이 주는 온화하고 따뜻한 경험들을 오랫동안 기억하고 있습니다. 어머니와의 티타임이 마냥 즐거웠던 어린 시절을 지나, 전문가가 되기 위해 선택한 긴 수험생활 동안 얼그레이와 다즐링 홍차는 좋은 친구가 되어 주었습니다.

어쩐지 혼자인 것만 같아서 쓸쓸한 기분이 들거나 미래가 불안하다고 느껴질 때 따뜻한 차 한 잔을 마시면 마음이 평안해지고 위로를 받는 기분이었지요. 계절에 따라 변화하는 차의 온도와 피어오르는 향기에 집중하다 보면 지금 이 순간을 오롯이 즐길 수 있었습니다. 기약 없이 반복되던

일상이 반짝이고, 차를 마시며 느긋해진 시간 속에서 평범함 속에 숨어 있던 작고 아름다운 것들을 알아차릴 수 있었습니다.

이렇게 온전한 차의 시간을 오래 경험한 덕분일까요. 어느 날 평범하게 회사생활을 하던 제가 전공과 상관없이 좋아하는 일에 도전해 볼 용기가 생겼던 것 같습니다. 그리고 이제는 2014년부터 티 비즈니스 분야에서 차근히 일해온 제 경험을 나누고자 이 책을 집필하게 되었습니다.

처음 출판사에서 차 음료를 다루는 입문서 집필을 제안받았을 때는 잠시 고민했었습니다. 회사에 다니면서 신규 레시피를 100개 만들고 책을 쓸 엄두가 나지 않았으니까요. 하지만 매 계절마다 새로운 차 음료를 만들며 즐거워했던 저의 경험이 어쩌면 누군가에겐 차를 가까이하는 계기가 될 수 있을 것 같아 시작했습니다. 차는 생각보다 어렵지 않고, 차를 우리는 일은 즐거우니까요. 그래서 누구나 일상에서 구할 수 있는 재료를 활용해 쉽고 간결하게, 그리고 실생활에서 바로 만들어 마셔볼 수 있는 레시피들로 채웠습니다. 음료 외에도 계절마다 어울리는 하우스 블렌딩 예시도 함께 기록해 따라 만들어 보며 나만의 블렌딩 티를 연습할 수 있도록 해 두었습니다.

최근 음료 시장에서는 지속 가능성, 글로벌 맛의 다양성, 그리고 티 믹솔로지가 주요 트렌드로 자리 잡고 있습니다. 소비자들은 점점 더 건강하고 지속 가능한 음료를 찾고 있으며, 전 세계의 다양한 맛을 경험하고자 하는 열망도 커지고 있지요. 이번 책은 이러한 흐름을 반영하여 논알코올 티 칵테일, 티 하이볼, 제로 음료, 비건 음료와 같은 다양한 타입의 레시피를 수록했습니다. 또한 지속 가능성을 고려해 가급적 로컬의 제철 과일을 사용하려 노력했습니다. 다양한 스파이스와 요리에 사용되는 우스터 소스나 타바스코 소스, 채소를 접목해 독자들이 차를 통해 새로운 맛을 탐험할 수 있도록 구성하였습니다.

더불어 이 책에서는 러시아의 러시안 티, 중국의 카라반 티, 모로코의 민트티처럼 전 세계의 다양한 차 문화를 한국 식재료와 접목하여 재해석한 레시피도 함께 담았습니다. 우리나라에서만 생산되는 홍잭살과 같은 홍차를 활용한 레시피는 한국적 정서를 담은 특별한 풍미와 함께 독자들에게 재미있는 경험을 선사할 것입니다.

사실 이 책의 중요한 포인트는 계절별 레시피 구성입니다. 계절마다 가장 잘 어울리는 재료와 차를 선정해, 봄, 여름, 가을, 겨울 각각의 계절에 맞는 차와 음료 만드는 방법을 안내하고 있습니다. 봄에는 가볍고 산뜻한 음료로 시작해 여름에는 달콤하고 신선한 음료를, 가을과 겨울에는 깊고 진한 맛을 선호하는 사람들을 위한 따뜻하고 풍부한 음료를 소개합니다. 이를 통해 독자들은 계절의 변화를 음미하며, 계절에 맞는 차와 식재료를 즐길 수 있는 법을 배워갑니다.

이 책은 티 입문서로 차를 처음 접하는 사람이나 홈카페를 즐기는 사람, 그리고 차를 창의적으로 활용해 보고 싶은 사람들을 위해 단계별로 구성되어 있습니다.

1 Basic에서는 차와 음료를 만들기 위한 기본적인 재료와 도구를 다룹니다. 차의 종류와 특성, 차를 우리는 방법, 아이스티를 만드는 기초 기술, 음료에 적합한 잔의 선택법 등을 배우게 됩니다. 이 과정을 통해 차의 본질을 이해하고, 음료의 기초적인 테크닉과 함께 차의 매력을 한층 더 느낄 수 있습니다.

2 Preparation에서는 음료를 만들기 전 필요한 준비 과정을 다룹니다. 티 테이블 세팅 가이드와 함께 재료 준비 및 보관법, 티 시럽 만드는 법, 가니쉬 손질법 등을 소개합니다.

3 Tea Brewing for the Four Seasons에서는 계절에 맞는 다양한 티 음료 레시피를 소개합니다. 봄에는 간단하고 가벼운 레시피로 시작해 여름, 가을, 겨울로 갈수록 점점 더 복잡한 재료와 테크닉을 활용한 레시피로 발전합니다. 계절에 맞는 하우스 블렌딩 티, 전통적인 도구를 활용한 잎차 우리는 법, 그리고 차를 응용한 다양한 음료를 통해 독자들은 경험을 쌓아가며 자신만의 차 취향을 발견하게 될 것입니다.

이 책을 통해 독자들은 전통적인 차 도구와 칵테일 도구를 다뤄보고, 물뿐만 아니라 다양한 액체에 차를 추출하는 법을 배울 수 있습니다. 더불어 기본적인 계절 레시피를 분석하고, 자신만의 스타일을 더해 응용하는 과정에서 나만의 시그니처 음료를 만들어 볼 인사이트를 얻게 될 것입니다.

모든 레시피에는 주의해야 할 팁도 꼼꼼하게 기록해 두었습니다. 음료 제조 과정에서 필요한 재료와 도구를 미리 준비하는 것이나 냉침 재료나 유제품 보관 시 철저한 살균 소독을 통해 안전하게 관리하는 것도 중요하니 책에 언급된 팁을 잘 활용해 주세요.

이 책에서 소개하는 레시피를 따라 만들다 보면 계절의 흐름에 맞춰 차와 함께하는 즐거움을 발견하게 될 것입니다. 87,600시간의 경험과 진정성을 담은 티 레시피가 여러분의 일상에 작은 여유와 기쁨을 더해주면 좋겠습니다. 또한 차를 처음 접하는 사람에게는 좋은 시작이, 차를 사랑하는 사람에게는 새로운 시도의 영감이 되기를 바랍니다.

마지막으로, 이 책의 완성에 도움을 주신 모든 분들에게 감사드립니다. 특히 좋은 차를 제공해 주신 여러 티 브랜드 대표님, 비건 음료를 만들 수 있도록 재료를 지원해 주신 오틀리 담당자님, 계절마다 만나서 음료를 촬영하고 편집한 포토그래퍼, 책을 완성할 수 있도록 함께해 준 출판사 담당자님, 선뜻 아끼는 다구를 내어준 지인분들, 응원해 준 동료들에게 감사의 인사를 전합니다. 이 책이 여러분의 사계절에 함께할 수 있기를 진심으로 바랍니다.

Contents

1 Basic
티 레시피를 위한 기초 브루잉 테크닉

2 Preparation

티 테이블과 레시피 준비하기

3

Tea Brewing
for the Four Seasons

계절에 어울리는 티 브루잉

봄의 tea 레시피

여름의 tea 레시피

가을의 tea 레시피

겨울의 tea 레시피

BASIC

티 레시피를 위한
기초 브루잉 테크닉

1

맛있는 티를 만들기 위해서는 우려야 할 차의 종류와 특징에
대해 알고, 차를 우릴 때 어떤 도구를 사용해 어떤 방식으로 티
브루잉(Tea Brewing)을 해야 하는지 간단하게라도 공부하는 것
이 좋습니다. 차는 종류가 많아서 막연히 어렵고 복잡해 보이
지만 실은 간단한 원리만으로도 쉽고 빠르게 응용할 수 있다
는 것을 이번 파트를 통해 알아봅니다.

1

티 브루잉이란?

.

티 브루잉(Tea Brewing)이란 선택한 도구에 적합한 방식으로 차를 우리고 제공하는 것을 의미합니다. 과거로부터 이어져 온 예법과 절차에 따라 차를 준비하고 손님에게 내어 드리는 다례(茶禮), 그리고 철학적 의미를 담은 각 과정을 행하는 다도(茶道)가 차와 사람을 잇고 차의 아름다움을 행위로 표현하는 헤리티지(Heritage)라면, 티 브루잉은 보다 동시대적인 관점에서 사람들이 감각적으로 만족스러운 차를 경험할 수 있도록 목적에 적합한 풍미의 차와 식재료를 준비하고 의도에 맞는 테크닉과 레시피, 작업 과정으로 음료를 만들어 보다 자연스러운 자세로 내어드리는 것에 포커스를 맞춥니다.

더불어 그 의미를 폭넓게 확장하면 차를 마시는 공간과 소리, 빛에도 세심한 주의를 기울여 온전한 차의 경험을 제공하는 것도 티 브루잉이 될 수 있습니다. 또한 계절에 따라 변화하는 색채와 향기를 알아차리고 가장 좋은 풍미를 즐길 수 있도록 메뉴를 구성하는 것도 그 안에 포함될 수 있답니다.

우리는 이런 티 브루잉을 통해 차를 좀 더 자유로운 방식으로 접하게 됩니다. 깔끔하게 스트레이트 티(Straight Tea)로 마시기도 하고 시럽이나 우유 같은 재료들을 더해 밀크티처럼 베리에이션 티(Variation Tea)로 마시기도, 혹은 술을 곁들여 티 칵테일(Tea Cocktail)로도 마십니다. 그래서 어쩌면 티 브루잉은 지금, 여기, 우리들이 공감할 수 있는 방식으로 차를 해석하고 만드는 컨템포러리 티(Contemporary Tea)를 보여주는 효과적인 방법일 수 있습니다.

차는 기원전 2737년 중국 신농(神農)이 발견한 이래로 극동아시아를 넘어 아랍과 인도를 포함한 서아시아, 유럽과 아프리카, 아메리카 대륙까지 널리 사랑받고 있는 음료로 지역에 따라 차를 마시는 문화와 도구에는 꽤 차이가 있습니다. 또한 선호하는 차의 종류도 각기 다르기에 마시고 싶은 차의 맛과 향이 다를 수 있습니다.

그래서 차를 준비하는 사람이 좀 더 리추얼(ritual)한 시간을 만들고 싶을 때는 다도에 어울리는 전통적인 형태의 도구를 사용하고, 간편하게 우려야 하거나 베리에이션 티 형태의 음료를 만들 때에는 칵테일이나 커피를 만들 때 사용하는 도구를 사용하는 등 상황과 용도에 맞게 다양한 차 도구를 활용합니다.

우리는 앞으로 이 책을 통해 티 브루잉을 하기 위해 목적에 맞는 차 도구를 선택한 다음, 우려야 할 차의 이름과 종류, 그리고 찻잎의 크기에 맞춰 적절한 물의 양과 온도, 시간으로 차를 추출하는 방법을 익혀갈 예정입니다.

티 브루잉의 기초를 함께 알아가고 베리에이션 티를 만드는 테크닉을 따라 해보며 계절의 풍미를 가득 담은 티 음료를 만들어 봅니다.

2

티의 분류와 선택 기준

•

우선 티 브루잉을 통해 음료를 만들기 위해서는 그 중심이 되는 차에 대해 간단하게나마 알고 시작해야 합니다.

일반적으로 차는 마실거리를 의미하지만, 전문적인 영역에서 보면 차는 카멜리아 시넨시스(Camellia Sinensis)로 불리는 차 나무의 잎을 가공해서 만든 마실거리를 의미합니다. 우리가 자주 마시는 유자차나 보리차, 루이보스처럼 차 나무의 잎이 아닌 재료로 만들어진 것은 티젠(Tiasne) 또는 허브 인퓨전(Herbal Infusion)으로 분류해 부릅니다.

하지만 차에 다양한 재료를 더해 새로운 음료를 만드는 베리에이션 티 세계에서는 우리가 쉽게 접할 수 있는 캐모마일, 페퍼민트, 마테와 같은 허브 인퓨전을 이용해 만든 음료도 포함되어 있습니다. 넓은 영역에서 보면, 일상적인 의미의 차를 사용한 모든 응용 음료들이 베리에이션 티가 될 수 있습니다. 따라서 이 책에서는 베리에이션 티의 관점에서 허브 인퓨전을 포함하여 차를 분류해 보고 어떻게 활용하는지 살펴보고자 합니다.

차 나무에서 유래한 차의 종류

차 나무 잎을 가공해서 만든 차는 제조 방법에 따라 백차, 녹차, 청차, 홍차, 황차, 흑차로 나뉘며, 이 중에서 황차를 제외한 5가지의 차가 대중적으로 널리 알려져 있습니다.

차는 제조 과정에 따라 제품의 카테고리가 달라집니다. 같은 차 나무 잎을 사용해도 어떻게 가공하는지에 따라 결과물이 달라지는데, 차 생산자들은 숙련된 경험과 기술을 통해 매력적인 제품을 만듭니다. 이를 위해서는 찻잎 속의 폴리페놀 산화효소의 작용과 미생물을 활용한 발효 과정을 이해하고 활용하는 것이 중요합니다. 또한 찻잎의 산화 여부와 발효 여부 그리고 찻잎의 새싹 함유량에 따라 각 차의 풍미에 차이가 크고, 우리는 물 온도에도 차이가 있으니 각 차의 특성을 알고 목적에 맞게 차를 우릴 수 있어야 합니다.

❖

차에서 말하는 산화와 발효란?

• **산화(Oxidation)** | 물질과 산소가 결합하여 산화물을 만드는 화학적 변화 과정입니다. 차에서의 산화는 찻잎 속 성분이 산소와 결합하여 폴리페놀이 분해되는 과정입니다. 찻잎에 상처가 생겨 세포 속 성분들이 공기에 노출되면, 찻잎 속에 있는 폴리페놀 산화효소가 산소와 만나 폴리페놀(Polyphenols) 성분을 더 작은 단위의 분자로 만들기 시작합니다. 이 과정을 통해 원래 색상이 없는 폴리페놀이 노란색의 테아플라빈(Theaflavins)이나 붉은색의 테아루비긴(Thearubigins) 성분으로 변화하면서 색과 맛, 향이 달라집니다. 홍차의 가공 과정에서 이러한 과정을 산화라고 부릅니다. 일상에서도 종종 보게 되는데, 과일을 깎아 상온에 오래 두면 갈변하는 것도 산화의 일종이라고 할 수 있습니다. 실론티 같은 홍차가 이 과정을 겪는 대표적인 차입니다.

• **발효(Fermentation)** | 유기물이 미생물에 의해 분해되어 유익한 물질을 생성하며 변화하는 현상입니다. 사실 이 과정은 미생물에 의한 부패 현상의 일종이지만 그 과정을 통해 유용한 물질이 만들어질 경우에는 발효, 그 이외의 경우는 부패로 분류합니다. 발효는 미생물이 산소 대신 자신의 효소를 이용해 무기호흡을 하며 유기물을 분해하고 에너지를 얻는 과정이며, 중간산물을 만들어내는 반복적 과정으로 이루어집니다. 그리고 미생물의 종류에 따라 최종 결과물의 맛과 향이 다르게 변화할 수 있습니다. 일상에서 김치가 미생물의 작용에 의해서 익어가는 것을 볼 수 있는데, 이 또한 발효 과정의 결과라고 할 수 있습니다. 보이차와 같은 흑차들이 이러한 발효 과정을 겪게 됩니다.

| 1 |

백차(白茶, White Tea)

◆ 가공 과정

백차는 차 나무의 잎을 수확한 후 인공적인 가공 과정 없이 시들리고(위조, 萎凋) 말려서(건조, 乾燥) 만든 차로, 대부분 갓 피어나 솜털(백호, 白毫)이 보송보송한 어린 잎을 사용합니다. 가공 과정은 복잡하지 않지만 만드는 사람의 숙련도에 따라 품질의 차이가 큰 편이라 구매 전 반드시 시향을 통해 물비린내 같은 냄새가 있는지 확인하는 것이 좋습니다.

새싹만 채엽(採葉, 잎을 따서 수확)해서 만들면 백아차(白芽茶), 일아이엽(一芽二葉, 새싹 하나에 잎 두 장)을 따서 만들면 백엽차(白葉茶)로 구분해 부릅니다. 세계적인 명성을 지닌 백호은침(白毫銀針)은 새싹만 선별해 만든 백아차로 맛과 향이 아주 섬세해서 스트레이트 티로 음용하는 것을 추천합니다. 베리에이션 티에 사용하는 백차는 일아이엽으로 만든 백모단(白牡丹), 수미(壽眉)와 같은 차를 사용해야 풍미가 진한 음료를 만들 수 있습니다. 솜털 가득한 여린 찻잎을 우리면 백색에 가까운 맑은 색을 볼 수 있어 섬세한 색상 표현을 필요로 하는 음료에 적합합니다.

◆ **추천 대상:** 순수하고 청아한 풍미를 선호하는 사람에게 추천합니다.

◆ **주의:** 솜털이 많은 백차의 경우, 털 알러지가 있는 사람이 마시면 목이 붓는 등의 반응이 일어날 수 있습니다. 찻잎이 다소 부피가 크고 잘 부서질 수 있어 가급적이면 봉투보다는 견고한 밀폐 유리 용기나 주석 틴 케이스에 보관하는 것이 좋습니다.

◆ **추천 베리에이션:** 과육이 무른 과일, 꽃을 활용한 티 에이드와 칵테일

| 2 |

녹차(綠茶, Green Tea)

◆ 가공 과정

녹차는 차 나무의 잎을 따서 증기에 찌거나(증청, 蒸靑) 솥에 덖어(초청, 炒靑) 찻잎이 산화하는 것을 방지한 차입니다. 이렇게 열을 가하는 과정에서 찻잎 속 폴리페놀 산화효소의 활성이 억제되는데, 덕분에 찻잎 속의 엽록소와 카테킨이 보존되어 녹색을 띠고 특유의 상쾌한 쓴맛과 떫은맛을 가지게 됩니다. 신선하고 섬세한 풍미를 강조하기 위해 이른 봄에 돋아난 여린 싹과 잎을 채엽하고 살청(殺靑)이라 불리는 산화 방지 가공을 통해 찻잎을 증기에 찌거나(증청) 솥에 덖어(초청)주는데, 이때 어떤 방법을 사용했는지에 따라 맛과 향에 차이가 발생합니다. 증기에 찐 증제 녹차(蒸製綠茶)는 해조류와 채소류의 풍미를 지니고, 덖어 만든 초청 녹차(炒靑綠茶)는 고소한 견과류와 곡물류의 풍미를 지닙니다.

한편 고운 가루 녹차인 말차(抹茶)는 찻잎을 증기에 찐 다음 열풍에 바로 건조하여 섬유질을 제거하고 맷돌로 오랜 시간 천천히 갈아 분말 형태로 만듭니다. 찻잎은 수확하기 3주 전에 반드시 그늘막을 쳐 해가림을 해야 하는데, 이 과정에서 아미노산 함량이 높아지며 감칠맛이 더해지고 색상도 더욱 선명한 녹색을 띠게 됩니다. 녹차는 특유의 상쾌한 풍미를 활용한 에이드 타입의 음료를 만들기에 적합하며, 진하게 추출하여 깔끔한 밀크티로도 활용할 수 있습니다.

◆ **추천 대상**: 청량하고 깔끔한 맛을 선호하는 사람에게 추천합니다.

◆ **주의**: 말차의 경우 찻잎을 갈아서 전체를 음용하는 만큼 카페인 함량이 가장 높습니다. 카페인에 민감한 사람이라면 음용에 주의하는 것이 좋습니다. 말차와 증제 녹차의 경우 산소를 자주 접할수록 산폐가 이루어져 광택이 없어지고 점점 회색빛으로 변합니다. 가급적이면 햇차를 1년 이내에 소진하고 은박 봉투에 밀봉해서 서늘하게 보관해야 합니다.

◆ **추천 베리에이션**: 과일과 허브를 이용한 에이드, 곡물류와 유제품을 이용한 밀크티

| 3 |

청차(靑茶, Blue Tea)

◆ **가공 과정**

청차(우롱차, 烏龍茶)는 차 나무의 잎을 따서 시들리고 상처를 내 약간의 산화 과정을 거친 후 적정한 시점에 고온에 살청한 차로 반산화차(半酸化茶)라고도 합니다. 이런 과정을 통해 특유의 화려하고 복합적인 향과 두터운 맛을 지니게 됩니다.

대부분의 우롱차는 다 자란 잎을 3~4엽까지 수확하고 시들리는(위조) 과정을 거친 후 잎의 가장자리만 상처를 내고 산화(주청)시키는데, 생산자들은 이 산화 과정에서 원하는 향기가 나기 시작하면 차를 덖어 산화를 멈추고(살청) 찻잎을 건조시켜 완성합니다.

청차는 산화 정도에 따라 다양한 맛과 향을 보여주는 차로, 약하게 산화한 청향 우롱차(淸香烏龍茶)는 신선한 풀과 꽃, 과일의 향기와 함께 청량한 맛을 낸다면, 강하게 산화한 농향 우롱차(濃香烏龍茶)는 잘익은 과일과 꿀, 난초, 향신료의 향기와 함께 농밀한 맛을 냅니다. 일부 농향 우롱차들은 건조 과정에 불을 쬐어 일종의 로스팅을 진행하는데, 이를 배화(焙火)라고 합니다. 배화는 차에 묵직하고 구수한 풍미를 더해 깊은 맛을 내는 과정입니다.

다양한 차들이 많아 스트레이트 티로 즐겨도 손색없지만, 에이드와 밀크티, 티 칵테일로도 활용도가 높습니다. 청향 우롱차로는 주로 과일을 혼합한 에이드를 추천하며, 농향 우롱차로는 과일과 유제품 등을 혼합한 크림티와 밀크티를 추천합니다.

◆ **추천 대상**: 화려하고 복합적인 향과 맛을 선호하는 사람에게 추천합니다.

◆ **주의**: 청향 우롱차의 경우 산소를 자주 접할수록 산화가 이루어져 색상이 빠르게 변합니다. 가급적이면 은박 봉투에 밀봉하거나 주석 틴 케이스에 보관하는 것이 좋습니다.

◆ **추천 베리에이션**: 과일과 꽃, 꿀을 이용한 에이드, 견과류와 유제품을 이용한 밀크티

| 4 |

홍차(紅茶, Black Tea)

◆ 가공 과정

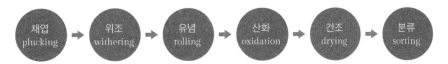

홍차는 차 나무의 잎을 따서 시들리고 비벼서 찻잎에 상처를 내고 산화효소의 작용을 촉진하여 만든 산화차입니다. 산화가 진행된 홍차는 특유의 홍갈색을 띠게 되며 과일과 꽃향기를 지니게 됩니다. 과거에는 많은 인력을 필요로 하는 정통 방식(Orthodox Method)으로 고품질의 차들 위주로 생산했지만, 근래에는 CTC 가공법처럼 짧은 시간 안에 찻잎을 으깨고(Crushing) 찢고(Tearing) 말아서(Curling) 대량 생산하는 공법으로 홍차를 생산하고 있습니다.

정통 방식으로 만든 홍차는 주로 등급이 높은 홀리프(Whole Leaf) 티를 생산하는데 섬세하고 복합적인 향미가 특징입니다. 각 지역별 테루아의 차이가 분명하고 수확 시기별로도 풍미가 달라서 차 애호가들의 사랑을 받고 있지만, 생산량이 적고 가격대가 높은 편입니다. 이런 섬세한 차들은 주로 스트레이트 티로 많이 음용합니다. 반면 CTC로 만든 홍차는 향미가 다소 단조롭지만 맛이 풍부하고 진해서 우유 베리에이션에 자주 사용합니다.

에이드와 티 칵테일로 활용할 경우에는 정통 방식으로 만든 홀리프 티 타입의 잎차를 사용하면 보다 풍부하고 섬세한 향미 표현이 가능하며, 유제품을 활용한 밀크티의 경우에는 CTC 홍차를 사용하여 풍부한 맛을 내는 것이 유리합니다.

◆ 추천 대상: 분명하고 풍부한 맛과 향을 선호하는 사람에게 추천합니다.

◆ 주의: 홍차를 진하게 우린 후 바로 냉각하게 되면 희뿌연 침전물이 발생합니다. 두 번에 걸쳐 냉각하거나 냉침하면 맑은 색을 볼 수 있습니다. 정통 방식으로 만든 홍차의 경우 섬세한 향미를 잘 보존하기 위해 밀폐 유리 용기나 주석 틴 케이스에 보관하는 것이 좋습니다.

◆ 추천 베리에이션: 과일과 스파이스를 이용한 에이드, 스위츠와 유제품을 이용한 밀크티, 프라페

| 5 |

흑차(黑茶, Dark Tea)

◆ 가공 과정

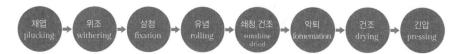

흑차는 차 나무의 잎을 따서 살청하는 녹차 가공 과정을 거친 후 햇볕에 차를 건조(쇄청 건조, 晒青乾燥)시키고, 유익한 미생물을 배양하여 찻잎을 발효(악퇴)시켜 만든 후발효차입니다. 악퇴(渥堆)라고 하는 인공 발효 과정을 거치면서 찻잎은 진한 흑갈색을 띠게 되고, 우렸을 때의 찻물 색상 또한 어둡고 진한 흑갈색을 띠게 됩니다.

흑차 중 가장 유명한 보이차(普洱茶)는 최초에 햇볕에 건조시킨 차를 10~30년 가까이 장기간 보관하여 자연적으로 발효시켜 만들었지만, 악퇴 과정이 개발되면서 단기간에 장기 보관한 차의 풍미와 유사한 차를 만들 수 있게 되었습니다, 다만 악퇴 과정을 거친 차들은 특유의 숙향(熟香)이라 불리는 독특한 발효 냄새를 지니게 되어 생산한 당해 연도의 차보다 몇 해 지나 향기가 안정화된 차를 마시는 경우가 대부분입니다. 또한 흑차는 모든 차류 중에서 보존 기한이 가장 길고 시간이 지날수록 맛이 깊어지는 특징이 있어 오래 보관하면서 매해 달라지는 맛을 감상하는 사람이 많습니다. 주로 스트레이트 티로 음용하는 편이지만, 최근엔 특유의 농후한 맛의 매력을 살려 밀크티에 활용하는 경우가 많습니다.

◆ **추천 대상**: 숙성된 깊은 풍미를 선호하는 사람에게 추천합니다.

◆ **주의**: 습한 곳에서 잘못 보관한 보이차를 사용할 경우 창고 냄새 등의 이취가 강하거나 목이 따갑고 배탈이 나는 등의 신체적 이상이 있을 수 있습니다. 흑차는 통기성이 좋은 종이류에 잘 포장해 이취가 없고 건냉하며 통풍이 잘되는 곳에 보관하는 것이 좋습니다.

◆ **추천 베리에이션**: 카카오와 유제품을 이용한 밀크티

허브 인퓨전
(Herbal Infusion)

차 나무 잎을 사용한 것은 아니지만 우리가 음료로 활용할 수 있는 나무와 풀의 씨앗, 열매, 꽃, 뿌리, 줄기 등을 이용해 만든 것을 허브 인퓨전이라고 합니다. 우리나라에서는 이런 대용차(代用茶)들을 허브차라 부르고 있습니다.

무카페인 음료의 인기에 힘입어 다양한 허브차들이 출시되고 있습니다. 우리가 음료로 주로 사용하는 재료로는 캐모마일, 라벤더, 로즈페탈(Rose Petal) 등의 꽃류와 민트, 레몬밤, 레몬버베나, 마테 등의 잎과 꽃류가 있는데, 이런 계열의 허브는 아로마 허브로 분류됩니다. 또한 생강과 같은 뿌리류와 시나몬과 같은 줄기류, 넛맥과 같은 씨앗류들은 주로 스파이스 허브로 분류되는데, 음료에 독특한 느낌을 부여할 수 있어 가니쉬(Garnish)로도 자주 사용됩니다.

허브 인퓨전은 단독으로 사용되기도 하지만, 효능 또는 풍미의 개선을 위해 블렌딩하는 경우가 많습니다. 블렌딩의 중심이 되는 베이스로는 주로 루이보스, 허니부쉬, 마테, 히비스커스가 사용되며, 이들 허브의 추출은 제조사에서 추천하는 방법을 사용하는 것이 가장 좋습니다.

◆ 추천 대상: 다채로운 맛과 향을 선호하는 사람, 카페인 섭취에 주의가 필요한 사람에게 추천합니다.

◆ 주의: 대부분의 허브에는 카페인이 함유되어 있지 않지만, 마테의 경우 다량의 카페인이 있어 음용 시 주의가 필요합니다. 또한 임신 중인 여성에게 영향을 미치는 허브도 있으니 임산부의 경우 루이보스처럼 임신 중에 섭취 가능한 허브를 선별해 마셔야 합니다.

◆ 추천 베리에이션: 과일, 꽃, 스파이스, 프레시 허브를 활용한 에이드, 비건 밀크를 사용한 밀크티, 스무디

❖

◆━◆━◆━◆◆◆◆ 블렌딩 티와 스트레이트 티 분류 ◆◆◆◆━◆━◆━◆

차는 특정 지역의 테루아를 알 수 있는 단일 지역 제품으로 출시하기도 하지만, 각 지역의 찻잎을 혼합하거나 다양한 꽃과 과일 또는 향신료와 향기 성분을 더해 새로운 맛과 향을 담은 제품으로도 생산됩니다. 우리는 이런 혼합된 차를 블렌딩 티라고 부릅니다. 앞에서 다섯 가지 다류와 함께 스트레이트 티에 대해 소개했는데, 이런 차들을 바탕으로 다른 재료를 섞어 블렌딩 티도 만들 수 있습니다.

차는 혼합 여부에 따라 스트레이트, 블렌디드, 플레이버드로 다음과 같이 분류합니다.

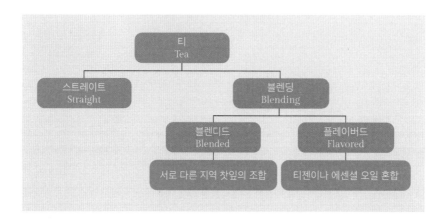

• **스트레이트 티**(Straight Tea) ｜ 한 지역에서 생산된 찻잎만 사용해 만든 차로, 싱글 오리진 티(Single Origin Tea)라고도 합니다. 지역별 특징을 구분하는 것이 중요하며 나무 품종과 차 등급 또한 구별해 기재합니다. 라벨은 '나라 → 지역 → 도시 → 다원 + (수확 시기) + (차 나무 품종) + 다류 구분 + 등급'으로 표시합니다.
例 인도 다즐링 정파나 1st Flush clonal

• **블렌디드 티**(Blended Tea) ｜ 서로 다른 종류 또는 지역의 찻잎을 섞어 만든 혼합차로 각 지역의 특징을 고려하여 목적 적합한 제품을 생산하고 품질의 일관성을 유지하는 것이 중요합니다.
例 잉글리쉬 브렉퍼스트, 러시안 카라반

• **플레이버드 티**(Flavored Tea) ｜ 찻잎 이외의 재료를 섞어 만든 차로 훈연, 음화(차에 생화를 섞고 제거하는 것을 반복), 향료 분무하기 등의 방법으로 새로운 풍미를 부여한 혼합 차입니다. 재료의 범위가 넓고 고부가가치 창출이 가능합니다.
例 얼그레이, 재스민 티, 차이 티

◆━◆━◆━◆◆◆◆◆◆◆◆◆◆◆◆◆◆◆◆◆◆◆◆◆━◆━◆━◆

3

티 브루잉에 사용하는
도구와 잔

·

티 브루잉을 위해서는 우려야 하는 차에 대해서도 알아야 하지만, 추출을 위한 차 도구에 대해서도 알고 있어야 합니다. 차 본연의 맛과 향을 즐기는 스트레이트 티를 우릴 때 사용하는 도구와 차를 활용한 베리에이션 티 음료를 만들 때 활용하는 도구에 대해 살펴봅니다.

스트레이트 티
브루잉 도구

스트레이트 티 브루잉은 큰 관점에서 보면 세 가지로 구분할 수 있습니다. 찻잎을 담고 우려 마시는 침출식 추출, 찻잎을 담고 추가적인 열을 가해 끓여 마시는 가열식 추출, 분말 타입의 차를 담고 저어서 마시는 혼합식 추출입니다.

가열식 추출은 주로 베리에이션 티에서 로열 밀크티를 만들기 위해 이용하며, 혼합식 추출은 점다법(點茶法)으로 불리는데 격불(擊拂)이라는 독특한 과정으로 말차를 만들 때 주로 이용됩니다. 찻잎을 담아서 우려 마시는 침출식 추출은 다도에서 포다법(泡茶法)으로 불리는데, 작은 크기의 차 도구에 찻잎을 넉넉히 담고 뜨거운 물로 짧은 시간에 여러 번 우려 마시는 중국식 추출법이 그 기원입니다. 또한 넉넉한 사이즈의 티포트에 찻잎을 소량 담아 뜨거운 물에 한번 우려 마시는 서양식 추출법도 있는데, 여기에서는 각 추출법에 맞는 기본적인 도구를 살펴봅니다.

티 브루잉에서는 정통 다도를 수행할 때 사용하는 모든 도구를 사용하기보다는 기본적인 기능을 수행할 수 있는 수준으로 간단하게 준비합니다.

| 1 |

중국식 티 브루잉을 위한 기본 도구

◆ **다하:** 우리게 될 찻잎을 계량하여 올려 두는 찻잎 접시입니다. 찻잎의 모양과 색상을 감상하는 용도로도 사용되며, 담아둔 찻잎을 다관에 담을 때 사용합니다. 가급적 찻잎의 색상이 잘 보이도록 흰색 도자기 또는 투명한 유리가 좋고, 앞부분이 좁을수록 찻잎을 담기 편리합니다.

◆ **차시:** 찻잎을 다관에 담을 때 사용하는 길쭉한 차 도구입니다. 다하에 있는 찻잎을 살짝 밀어 남는 찻잎이 없도록 하는 용도입니다.

◆ **차 집게:** 찻잔을 집어서 제공하는 용도입니다. 중국 차를 전문으로 하는 공간에서는 찻잔을 손으로 잡기보다는 차 집게를 사용해 옮기게 됩니다.

◆ **다관:** 차를 우리기 위해서 사용하는 차 도구입니다. 우리에게 친숙한 티포트 모양의 다호, 잔과 뚜껑으로 보이는 도구가 한 세트로 사용되는 개완을 보통 많이 사용합니다. 빠른 시간 내에 자주 우려서 많은 양의 차를 추출할 때는 개완을 사용하는 것이 편리한데, 이때는 열전도율이 높은 편이라 익숙하게 사용하려면 연습이 필요합니다. 다관은 도자기, 유리, 금속 등 다양한 재질이 있는데, 우리는 차의 특성에 따라 선택해 사용하는 것이 좋습니다. 어린 잎을 사용하는 섬세한 맛과 향의 차는 유리 또는 백자 재질을 사용하면 향기의 표현이 용이하고, 훈연 향이 강하거나 오래 보관하여 특유의 묵은 향이 있는 차는 자사호와 같은 기공이 큰 도구를 사용해 맛과 향을 부드럽게 만들 수 있습니다.

◆ **숙우**(또는 공도배)**:** 우린 차를 따라서 균일한 농도를 맞출 수 있게 하는 차 도구입니다. 다관에서 우린 차를 바로 찻잔에 따를 수도 있지만, 익숙하지 않은 사람은 각 찻잔마다 맛의 편차가 발생할 수 있기 때문에 가급적 숙우를 사용해 우린 차를 모두 따라내고 찻잔에 제공하는 것이 좋습니다. 사용이 익숙하지 않은 경우 손잡이가 있는 숙우를 사용하는 것이 화상을 방지하는 데 도움이 됩니다.

◆ **퇴수기:** 예열한 물을 버리거나 찻잎을 씻거나 불리는 용도로 사용한 첫 번째 우린 물을 버릴 때 사용하는 그릇입니다. 보통 차를 여러 종류 마실 때 찻잔을 헹군 뜨거운 물을 버리는 용도로 가장 많이 활용합니다. 차판이라 불리는 습식 차 도구를 사용할 경우 퇴수기를 생략할 때도 있으나 가급적 구비해 두는 것이 좋습니다.

◆ **다건:** 차를 우리면서 다호나 찻잔에 찻물이 흐르면 닦는 용도로 사용하는 차 수건입니다.

◆ **개치:** 다관의 뚜껑을 올려두는 용도의 받침입니다. 보다 격식 있는 자리를 만들 때 다관의 뚜껑을 올려 둘 수 있는 용도의 전용 받침대를 사용하기도 합니다.

서양식 티 브루잉을 위한 기본 도구

• **브루잉 티포트**: 실질적으로 차를 우릴 때 사용하는 티포트입니다. 차가 우러난 농도를 눈으로 확인할 수 있도록 유리로 된 것을 사용하는 것이 실용적입니다. 세척과 차 추출의 편의성을 위해 가급적 각진 모양보다는 둥근 디자인을 추천합니다. 찻잎을 걸러주는 스트레이너가 뚜껑에 포함되어 있는 경우 별도의 스트레이너를 사용하지 않아도 됩니다.

• **서브 티포트**: 차를 제공할 때 사용하는 티포트입니다. 브루잉 티포트에서 차를 우릴 때, 서브 티포트를 미리 예열해 두어 균일한 맛과 향을 오랫동안 즐길 수 있도록 하는 것이 좋습니다. 찻잎을 제거하고 차를 담아서 제공하는 것을 기본으로 합니다. 보온에 용이하고 차 맛에 영향을 주지 않는 도자기 재질 또는 유리 재질을 많이 사용하며, 금속 티포트의 경우 차 맛에 영향을 줄 수 있어 사용에 주의가 필요합니다.

• **티 코지와 워머**: 티포트에 담은 차가 식는 것을 방지하는 용도로 쓰입니다. 티 코지는 티포트를 감싸는 패브릭 소재의 도구로 오염되기 쉬우니 가급적 세척이 편리한 것을 고르는 것이 좋습니다. 워머는 작은 티 캔들의 화력을 이용해 차가 식는 것을 방지하는 도구입니다만, 차 맛이 조금씩 밋밋해지기도 해 가급적이면 사용하지 않는 것이 좋습니다.

• **스트레이너**: 찻잎을 거르는 용도의 도구로 브루잉 티포트에 별도의 찻잎 거름망이 없는 경우 사용합니다.

말차 티 브루잉을 위한 기본 도구

◆ **다완**: 말차와 온수를 담고 차를 격불할 수 있는 도구입니다. 우리나라에서는 예전부터 다완을 찻사발이라고 부릅니다. 말차를 온수와 혼합하여 차를 만드는 과정을 격불이라고 하는데, 차선으로 충분히 저어줄 수 있는 사이즈를 구비하는 것이 좋습니다. 찻사발은 색상이 매우 다양한데, 유약 처리되어 있는 밝은 색상이 관리하기에 더 좋습니다. 유리 재질로 된 것도 있으나 차 거품이 거의 발생하지 않을 수도 있으니 상황에 맞는 재질을 선택해 주세요.

◆ **차선**: 말차와 온수를 저어서 혼합하는 용도의 차 도구입니다. 격불 전용으로 사용하는 차 도구로 쪼개진 대나무 살의 숫자가 많을수록 혼합하기가 더 쉽습니다. 주로 100본 정도를 사용하는 경우가 많습니다. 대나무를 소재로 하기 때문에 위생적으로 관리해야 합니다. 살이 부러졌거나 건조해서 쪼개져 있거나 곰팡이가 피었다면 사용이 곤란할 수 있으니 사용 즉시 물에 깨끗이 세척해 잘 건조시키고 모양을 잡아서 보관합니다.

◆ **차시**: 말차를 떠서 다완에 담을 때 사용하는 일종의 말차 전용 티스푼입니다. 전통적으로 말차를 격불하는 경우에 사용합니다.

◆ **스트레이너**: 말차를 체 치는 역할로 격불 시 찻잎이 뭉치는 것을 방지합니다. 정통 다도에서는 나츠메(なつめ, 棗)라 불리는 말차 전용 보관 용기에 말차 전용 체를 이용해 말차를 곱게 체 쳐 담아 두었다가 차를 격불합니다. 하지만 간편하게 제공하는 경우에는 이중망으로 된 스테인리스 스트레이너에 사용할 양을 담아서 체 치는 것으로도 충분합니다.

베리에이션 티
브루잉 도구

앞으로 이 책을 통해 만나게 될 다양한 레시피의 베리에이션 티를 만들기 위해서는 다음의 도구들을 준비합니다.

| 1 |
차 추출과 음료 혼합 도구

◆ **냄비**: 찻잎을 끓여서 강한 강도로 추출할 때 사용하는 도구입니다. 물과 설탕을 더해 차 시럽을 만들거나 우유나 두유를 더해 로열 밀크티를 만들 수 있습니다.

◆ **계량컵**: 찻잎을 뜨겁게 우려서 추출할 때 사용하는 도구입니다. 내열 가능한 유리 소재의 계량컵을 사용해야 차 우림이 가능하니 구매 전 반드시 소재를 체크해야 합니다. 추출 외에도 각종 액체의 부피를 계량할 때 사용할 수 있습니다.

◆ **냉침 보틀**: 찻잎을 차갑게 우려서 추출할 때 사용합니다. 트라이탄 소재의 보틀이나 유리 소재의 보틀을 사용해야 위생적으로 관리할 수 있습니다. 사용 전 반드시 세니콜 같은 식품용 알코올로 소독합니다. 가급적 분리 세척이 쉬운 제품을 사용하는 것이 좋습니다.

◆ **지거**: 액체를 계량할 때 쓰는 도구입니다. 주로 알코올 음료를 만들 때 사용하는데, 이 책에서는 대부분의 시럽과 과즙, 주류를 담아 옮길 때 사용했습니다. 작은 것이 약 30ml(1온스), 큰 것은 약 45ml(1.5온스)인 스탠더드 지거를 준비합니다. 가급적이면 지거 안쪽에 눈금이 표시되어 있는 것을 추천합니다.

◆ **계량 스푼**: 액체 또는 분말을 계량할 때 쓰는 도구입니다. 이 책에서는 5cc 부분을 티스푼, 15cc 부분을 테이블스푼으로 표기하여 정리했습니다.

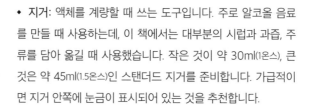

◆ **크림 스푼**: 주로 생크림 또는 우유 거품을 음료 위에 올리는 용도로 사용합니다. 혹은 분말이나 과일청을 떠서 담는 용도로도 사용합니다. 생크림을 음료 위에 올리는 용도로 사용할 때는 스패출러를 세트로 사용해야 깔끔하게 올릴 수 있습니다.

◆ 스패출러: 생크림을 만들어서 용기에 담거나 음료 위에 올리는 용도로 사용합니다.

◆ 바 스푼: 액상을 잘 섞어서 혼합하거나 분말류를 잘 저어서 녹이는 용도로 사용합니다. 혹은 칠링하거나 플로팅 기법을 사용해 음료에 층을 내고 싶을 때 바 스푼의 뒷면을 사용하기도 합니다. 모든 음료에 거의 필수적으로 사용하는 도구입니다.

◆ 스트레이너: 찻잎이나 과육, 허브를 걸러 추출물을 깔끔하게 제공하는 용도로 사용합니다. 입자가 작은 루이보스 같은 찻잎을 우릴 경우에는 이중망 스트레이너를 사용하는 것이 좋고, 곡물이나 페이스트를 사용한 밀크티를 거를 때는 이중망이 아닌 것으로 사용합니다. 믹싱 글라스나 보스턴 셰이커를 이용할 때도 얼음이 함께 나오지 않도록 전용 스트레이너를 사용합니다.

◆ 셰이커: 차 추출물과 다른 액체류를 담고 흔들어서 잘 혼합될 수 있게 하는 도구입니다. 2개의 틴을 결합해서 사용하는 보스턴 셰이커와 보디에 스트레이너와 캡을 결합해서 사용하는 코블러 셰이커 2가지 모두 베리에이션 티에 자주 사용됩니다. 음료에 공기층을 더해 부드러운 거품이 생성될 수 있어 섬세한 음료를 만들기 좋은 도구입니다. 사용이 익숙하지 않은 사람들에게는 코블러 셰이커를 추천합니다.

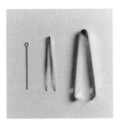

◆ 칵테일 픽: 음료의 가니쉬로 장식할 과일류를 꽂아서 고정하는 용도로 사용합니다.

◆ 핀셋: 가니쉬로 사용할 허브나 과일 껍질을 올릴 때 사용하거나, 음료에 가니쉬가 빠졌을 때 수정하는 용도로도 사용합니다.

◆ 아이스 텅: 얼음을 집는 용도로 사용하는 집게입니다.

◆ 스퀴저: 레몬이나 오렌지, 라임과 같은 시트러스 과일을 착즙하는 용도로 사용합니다. 플라스틱보다는 스테인리스 소재를 추천하며 녹이 슬지 않도록 꼼꼼하게 관리해야 합니다. 이 책에서는 핸들을 사용해서 착즙하는 타입의 스퀴저를 사용합니다.

◆ 그라인더: 스파이스를 갈아서 분말을 음료에 올리거나 시트러스 과일의 껍질을 갈아 제스트를 만드는 용도로 사용합니다. 또는 가니쉬로 초콜릿 바를 갈아 사용할 때도 활용할 수 있습니다. 이 책에서는 핸들이 있는 그라인더를 사용합니다.

- **믹싱 글라스와 머들러**: 믹싱 글라스는 도수가 높은 술과 차를 빠르게 냉각하고 혼합하는 용도로 사용합니다. 그 외에 머들러와 함께 사용해서 허브나 과일을 으깨는 용도로도 쓸 수 있습니다. 견과류나 찻잎을 으깰 때도 믹싱 글라스와 머들러는 아주 유용합니다.

- **밀크 포머**: 우유나 두유를 담고 우유 거품을 만드는 용도로 사용합니다. 뜨거운 거품과 차가운 거품 둘 다 제조가 가능한 도구입니다. 가급적이면 가장 작은 사이즈를 구비해 우유의 낭비를 줄이는 것을 추천합니다. 스팀 머신이 있다면 생략해도 좋습니다.

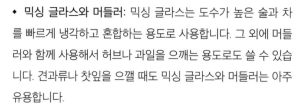

|2|

전기를 사용하는 주방 및 기타 도구

- **인덕션 또는 핫플레이트**: 냄비나 내열 찻주전자를 가열하는 용도로 사용합니다. 안전을 위해서는 인덕션 사용을 추천하나, 내열 유리 찻주전자는 인덕션 사용이 어려워 핫플레이트를 사용하기도 합니다.

- **타이머**: 차를 추출하는 시간, 음료를 가열하는 시간 등을 체크하기 위한 도구입니다. 타이머는 가급적 전자식으로 된 알람 가능한 제품을 사용하는 것이 좋습니다만, 극도로 조용한 환경을 유지해야 하는 경우에는 모래시계를 사용할 수도 있습니다. 이 경우에는 시간을 자주 체크하면서 음료를 준비해야 합니다.

◆ **전기 주전자:** 찻잎을 우리기 위해 물을 끓이는 용도입니다. 디자인이 예쁜 전기 주전자는 느긋하게 차를 마시면서 뜨거운 물을 보충하는 서비스를 제공하는 공간에서 사용하기 적합하며, 음료를 제조해야 하는 바 같은 공간에서는 온도 조절이 가능하고 빠르게 물을 끓일 수 있는 제품을 추천합니다.

◆ **블렌더:** 추출한 차와 과일 또는 유제품, 파우더 등을 담고 얼음과 함께 갈아서 스무디 타입의 음료를 만들거나, 파우더가 혼합된 티 베이스를 혼합하는 용도로 사용합니다. 얼음을 넣고 갈아서 만드는 프로즌 타입의 음료는 가급적이면 가정용보다는 매장용 블렌더를 사용해 주세요.

◆ **핸드믹서:** 음료에 사용할 생크림을 휘핑하는 용도로 사용합니다. 소량의 크림을 만드는 용도로 적합하며, 대량으로 배합하여 사용하게 될 경우에는 스탠드 타입의 믹서를 이용하는 것이 좋습니다.

◆ **저울:** 찻잎, 액체류, 분말류를 계량하는 용도로 사용하는 전자 저울입니다. 0.1g 단위를 측정할 수 있어야 하고, 2kg까지 계량이 가능한 것을 구비하는 것이 좋습니다. 이 책에서는 거의 대부분의 재료를 저울로 계량하고 음료를 혼합해 만들었으니 중량 계량을 하는 습관을 가지는 것이 좋겠습니다.

◆ **탄산 주입기:** 탄산수를 제조하기 위한 도구입니다. 보통 차를 우린 다음 탄산을 주입해서 티 탄산수를 만드는 용도로 사용합니다.

| 3 |

티 음료에 사용하는 잔

베리에이션 티 음료를 만들 때 각 음료의 특성에 맞는 용량과 형태의 잔을 선택하면 더욱 감각적인 경험을 제공할 수 있습니다. 따뜻한 음료는 내열 유리 여부를 반드시 체크하고 사용해 주세요.

♦ **티컵 앤 소서**: 따뜻한 음료를 제공할 때 사용하는 찻잔과 찻잔 받침입니다. 내열 유리 혹은 도자기 소재를 주로 사용하며, 따뜻한 스트레이트 티, 그리고 밀크티와 크림티 등 음료의 섬세한 향을 잘 표현해 줍니다.

➡ 용량 : 약 220ml(약 8온스)

♦ **브랜디 글라스**: 시원한 음료를 제공할 때 사용하는 잔입니다. 원래 브랜디를 마실 때 사용하는 잔으로 손에 음료의 온도가 바로 느껴질 수 있습니다. 색상 대비가 뚜렷한 음료에 활용하면 효과적입니다.

➡ 용량 : 약 285ml(약 9.5온스)

♦ **올드패션드 글라스**: 시원한 음료를 제공할 때 사용하는 잔입니다. 위스키에 얼음을 추가해 마실 때 사용하는 이 잔은 높이가 낮아 음료의 상단부가 보이는 음료에 활용합니다. 과일 가니쉬를 사용한 음료나 차가운 크림티도 좋습니다.

➡ 용량 : 약 300ml(약 10온스)

♦ **고블릿 글라스**: 따뜻한 음료와 시원한 음료에 모두 사용할 수 있는 잔입니다. 스파이스와 과일이 포함된 토디와 크림티에 잘 어울리는 글라스로 재질은 내열 유리를 선택합니다. 뜨거운 음료는 온도가 바로 전달되니 주의가 필요합니다.

➡ 용량 : 약 280ml(약 9온스)

♦ **머그**: 따뜻한 음료를 제공할 때 사용하는 손잡이가 있는 잔입니다. 따뜻한 차부터 시원한 차까지 광범위하게 사용할 수 있습니다. 토디와 밀크티 등에 편안하게 이용할 수 있습니다.

➡ 용량 : 약 310ml(약 10온스)

◆ **칵테일 글라스**: 시원하고 맛이 진한 음료를 제공할 때 주로 사용하는 잔입니다. 마티니와 같이 도수가 높은 칵테일을 마실 때 사용하는 이 잔은 스템이 높아서 음료가 인상적으로 보일 수 있습니다. 탄산이 없고 농도가 진한 티 칵테일을 제공할 때 사용하는 것이 가장 좋습니다.

➡ 용량 : 약 150㎖(약 5온스)

◆ **마가리타 글라스**: 시원한 칵테일을 제공할 때 주로 사용하는 잔입니다. 산미가 있고 도수가 높은 티 칵테일에 사용하는 이 잔은 가급적이면 향이 분명한 음료를 담는 편이 좋습니다. 탄산이 없는 티 칵테일에 어울립니다.

➡ 용량 : 약 185㎖(약 6온스)

◆ **와인 글라스**: 시원한 음료에 주로 사용하지만, 내열 유리로 된 잔을 사용해서 따뜻한 음료에도 활용할 수 있습니다. 색상이 분명한 음료를 제공하기 좋은데, 주로 크림티와 크림 소다 그리고 샹그리아 같은 음료에 적합합니다.

➡ 용량 : 약 230㎖(약 8온스)

◆ **플루트 글라스**: 시원한 음료에 사용하는 이 잔은, 스파클링 와인을 위한 글라스입니다. 탄산이 있는 에이드와 풍미가 섬세한 타입의 음료에 활용할 수 있고, 톤이 은은한 컬러의 음료에 잘 어울립니다.

➡ 용량 : 약 210㎖(약 7온스)

◆ **하이볼 글라스**: 시원한 롱드링크에 가장 많이 사용되는 하이볼 글라스는 깔끔한 디자인으로 인해 대부분의 음료에 사용 가능한 잔입니다. 탄산감이 풍부한 에이드부터 밀크티와 프라페까지 다방면에 사용이 가능합니다.

➡ 용량 : 약 430㎖(약 14온스)

◆ **필스너 글라스**: 원래 맥주를 마실 때 사용하는 글라스입니다만, 과일을 활용한 스무디 타입이나 과즙을 듬뿍 담은 음료를 제공하기 좋습니다.

➡ 용량 : 약 330㎖(약 11온스)

4

스트레이트 티 브루잉 방법

·

차의 고유한 풍미를 담은 스트레이트 티를 추출하는 방법에는 여러
가지가 있으나, 다양한 국가의 티 브랜드에서는 주로 서양식 티 브루
잉 방식을 채택하여 차를 제공하고 있습니다.

동양식 티 브루잉 방식에 비해 사용 도구의 관리와 운영이 편리하고
레시피와 작업 과정이 비교적 표준화되어 있어 활용이 용이하기 때문
입니다. 이 책에서는 서양식 티 브루잉을 할 때 무엇을 체크해야 하고
어떻게 우리는지 알아봅니다.

따뜻한 티 브루잉　　　차를 우릴 때는 다음의 사항들을 참고하여 차에 맞는 적정한
　　　　　　　　　　　물의 양과 온도를 맞추고 시간을 조정하며 차를 추출할 수
　　　　　　　　　　　있어야 합니다.

✹ 따뜻한 티의 투입량, 추출 시간 및 온도

구분	차의 종류	찻잎의 양 (400ml 기준)	우리는 시간	물의 온도(℃)
백차	백차(일아이엽)	4g	2분 30초	70
	백호은침	4g	5분	80
녹차	증제 녹차	4g	2분 30초	70
	초청 녹차	4g	2분 30초	70
청차	산화도가 낮은 청차	4g	3분	80
	산화도가 높은 청차	5g	4분	95
홍차	홍차 홀리프	4g	3분	95
	홍차 CTC	4g	2분 30초	95
흑차	보이차(생차)	4g	10초(세차)/5분	95
	보이차(숙차)	4g	10초(세차)/5분	95
대용차	허브/대용차(잎)	3g	2분	80~90
	허브/대용차(꽃)	2~4g	2분	80~90
블렌딩 홍차	블렌디드 티	4g	3분	95
블렌딩 대용차	과일/허브 베이스	3~5g	4분	90

| 1 |

용량

서양식 티 브루잉은 작은 다관에 많은 찻잎을 담아 여러 번 추출하여 제공하는 중국식 티 브루잉과 달리 1회 추출을 기본으로 합니다. 이 방식을 이용할 경우 일반적으로는 차 1g당 물 100ml를 기준으로 삼아야 합니다. 보통 티컵으로 2~2잔 반 정도 음용할 수 있는 용량을 추출하는 것이 가장 적정하며, 이 책에서는 400ml 제공을 기준으로 찻잎의 투입량을 정리했습니다.

| 2 |

온도

찻잎의 산화 정도와 채엽한 잎의 등급에 따라 차를 추출하는 온도는 달라져야 합니다. 홍차와 흑차처럼 산화와 발효가 많이 진행된 차는 원활한 추출을 위해 물의 온도를 95도 정도로 높게 하고, 백차와 녹차처럼 산화가 거의 진행되지 않은 차일수록 과추출을 방지하기 위해 물의 온도를 70~80도가량으로 낮게 합니다. 또한 새싹이 많이 포함되어 있는 차는 산화 정도가 아무리 높아도 기준 온도보다 5도 정도 낮춰 감칠맛이 풍부한 아미노산의 추출이 원활하도록 하는 것이 좋습니다. 따라서 차를 우릴 때는 육안으로 잎의 산화 여부와 새싹 함유 여부를 확인하고 각 차에 맞도록 물 온도를 맞추는 것이 좋습니다.

| 3 |

시간

차를 우리는 시간은 산화 정도, 입자 형태, 숙성 정도에 따라 달라질 수 있습니다. 우선 차의 산화 정도가 다른 녹차와 홍차는 우리는 시간에 차이가 있습니다. 비산화 차인 녹차나 백차는 오랜 시간 우리면 카테킨이 많이 추출되어 쓴맛이 강해집니다. 추출 시간이 짧으면 단맛은 증가하지만 맛의 복합성이 떨어지고 다소 밋밋한 구조감의 차가 완성되므로 홍차는 밸런스를 위해 최소 3분은 추출해야 합니다.

찻잎의 형태에 따라서도 추출 시간이 달라지는데, 홍차의 경우 홀리프보다는 CTC처럼 입자성이 작을수록 물에 닿는 면적이 많아 추출되는 속도가 빠릅니다. 이 때문에 CTC는 단시간 내에 우려내야 떫은맛이 덜한데, 오히려 진하게 우러나는 특성을 활용하여 3분 이상 추출하면 밀크티에 유용하게 쓸 수 있습니다. 이와 반대로 홀리프는 단시간 우려내면 보디감이 약하게 느껴지지만 3분 이상 추출하면 찻잎이 가지고 있는 고유의 향을 느낄 수 있습니다.

찻잎이 숙성되어 있는 흑차의 경우, 차를 우리기 전 세차(뜨거운 물로 차를 씻어냄)하여 찻잎이 더 잘 우러날 수 있도록 하는 것이 필수입니다. 약 20초가량 우린 후 찻물을 버리고 다시 물을 붓고 우린 두 번째 차를 제공해야 합니다. 허브 인퓨전은 각 재료의 입자 크기에 따라 성분이 추출되는 정도가 다르고 찻잎 1g당 부피비가 달라 재료에 대한 이해가 선행되어야 맛있게 우릴 수 있습니다.

✴ 따뜻한 티의 기본 브루잉

Ingredient   찻잎, 온수

Tool   다하, 브루잉 티포트, 서브 티포트, 스트레이너, 티스푼

1   온수 약 50ml씩을 브루잉 티포트와 서브 티포트, 찻잔에 부어 예열한 후 예열 물을 버린다.

2   각 차의 특성에 맞게 찻잎 적당량을 계량하여 예열한 브루잉 티포트에 담는다.

3   온수 400ml를 찻잎이 들어 있는 브루잉 티포트에 붓는다. 이때 추출 농도를 조절하기 위해 산화도가 높은 차들은 물을 조금 세차게 붓고, 녹차와 백차는 물을 천천히 조심스럽게 붓는다.

4   모래시계 또는 타이머를 이용해 각 차의 특성에 맞게 적절한 시간 동안 차를 우린다.

5   예열한 서브 티포트에 찻물을 거르며 붓는다.

6   찻잔에 차를 부어 제공한다.

차가운 티 브루잉　　　차갑게 마시는 티는 따뜻한 티 브루잉에 적용한 물과 찻잎의
　　　　　　　　　　　용량을 조금씩 상황에 맞게 수정하여 추출하게 됩니다.

✦ 차가운 티의 투입량, 추출 시간 및 온도

구분	차의 종류	찻잎의 양 (150ml 기준)	우리는 시간	물의 온도(℃)	얼음의 양
백차	백차(일아이엽)	3g	2분 30초	70	4개
	백호은침	3g	3~5분	80	4개
녹차	증제 녹차	3g	2분 30초	70	4개
	초청 녹차	3g	2분 30초~3분	70	4개
청차	산화도가 낮은 청차	3g	3분	80	4개
	산화도가 높은 청차	4g	4분	95	4개
홍차	홍차 홀리프	3g	3분	95	4개
	홍차 CTC	3g	2분 30초	95	4개
흑차	보이차(생차)	3g	5분	95	4개
	보이차(숙차)	3g	5분	95	4개
대용차	허브/대용차(잎)	2g	2분	80~90	4개
	허브/대용차(꽃)	2~3g	2분	80~90	4개
블렌딩 홍차	블렌디드 티	3g	3분	95	4개
블렌딩 대용차	과일/허브 베이스	3~5g	4분	90	4개

차갑게 마시는 티는 음료 제조 목적에 따라 드라이 칠링, 더블 쿨링, 다이렉트 쿨링, 콜드브루 등 다양한 냉각 방법을 사용할 수 있습니다. 선택하는 방법에 따라 추출되는 차의 맛에 차이가 발생하는데 각각의 방식이 가지는 장단점이 있기 때문에 우선은 추출을 테스트해 보고 본인의 음료에 어울리는 방식을 선택하는 것이 좋습니다. 찻물의 색상이 갑자기 혼탁해지는 크림다운 현상을 방지하기 위해서는 한번 온도를 조정한 다음 냉각하게 되는 더블 쿨링 방식을 표준으로 사용하는 것이 좋습니다.

| 1 |

드라이 칠링(Dry Chilling)

드라이 칠링이란 우려낸 차를 열전도율이 좋은 스테인리스 기물에 옮겨 담고 아이스 버킷에 담아 차를 식혀내는 방식입니다. 드라이 칠링의 장점은 얼음을 찻물에 녹여 식히는 방식이 아니므로 맛과 향이 가장 진한 농도의 차를 추출할 수 있다는 것입니다. 이 경우 타 브루잉 방식과 달리 추출된 차의 양이 적을 수 있습니다. 그리고 열전도율을 이용해 차를 식히는 만큼 원하는 온도까지 차를 식히려면 시간이 오래 걸립니다.

1 온수 약 50ml를 티포트에 붓고 예열한 후 퇴수한다.

2 찻잎 적당량을 계량하여 예열한 티포트에 담는다(일반 아이스티 기준 1g당 물 80ml).

3 티포트에 온수 160ml를 붓는다.

4 타이머를 이용해 적절한 시간 동안 차를 우린다.

5 스테인리스 컵에 스트레이너를 이용해 찻물을 거른다.

6 얼음을 가득 넣은 아이스 버킷에 스테인리스 컵을 넣고 원하는 온도가 될 때까지 차갑게 식힌다.

7 찻잔에 차를 부어 제공한다.

| 2 |

더블 쿨링(Double Cooling)

더블 쿨링은 진하게 추출한 찻물에 얼음을 소량(1~3개) 넣고 1차 쿨링한 뒤 잔에 얼음을 충분히 넣은 상태로 2차 쿨링하는 방식으로 냉각하는 기법입니다. 이 경우 1차로 쿨링할 때 사용되는 얼음의 양에 따라 양과 맛, 향이 달라지므로 정확한 계량이 필요하며 따뜻한 티를 브루잉할 때보다 찻잎을 더 많이 사용해야 합니다. 홍차의 경우 크림다운 현상을 줄일 수 있어서 깔끔한 색상을 낼 때 사용하는 방법입니다.

1   온수 약 50ml를 티포트에 붓고 예열한 후 퇴수한다.

2   찻잎 적당량을 계량하여 예열한 티포트에 담는다.

3   티포트에 온수 150ml를 붓는다.

4   타이머를 이용해 적절한 시간 동안 차를 우린다.

5   차를 우린 티포트에 얼음을 1~3개 담은 후 1차 쿨링한다 (또는 얼음을 가득 담은 계량컵에 차를 붓고 1차 쿨링을 진행한다).

6   얼음을 채운 잔에 1차 쿨링한 음료를 부어 제공한다.

| 3 |

다이렉트 쿨링(Direct Cooling)

다이렉트 쿨링은 잔에 얼음을 가득 넣은 뒤 우려낸 차를 바로 잔에 부어 냉각하는 방식입니다. 급랭법이라고도 하며, 찻물을 우려내는 온도에 따라 얼음의 사용량이 달라지기 때문에 자칫하면 차가 너무 진해지거나 차 맛이 옅어질 수도 있으니 주의가 필요합니다. 또한 잔에 적당량의 얼음을 사용하지 않으면 차가 미지근할 수도 있으므로 적절한 온도와 농도를 맞추기 위한 숙련이 필요합니다.

1　온수 약 50ml를 티포트에 붓고 예열한 후 퇴수한다.

2　찻잎 적당량을 계량하여 예열한 티포트에 담는다.

3　티포트에 온수 150ml를 붓는다.

4　타이머를 이용해 적절한 시간 동안 차를 우린다.

5　스트레이너로 거르며 얼음을 채운 잔에 음료를 바로 부어 제공한다.

| 4 |

콜드브루(Coldbrew)

흔히 냉침이라고 하는 방식으로 냉침 보틀에 찻잎을 계량해 넣고 정수를 부은 다음 상온 혹은 저온에서 오래 우려내는 방법입니다. 이 방법을 사용할 경우 미리 준비가 가능하다는 장점이 있으며, 온수가 아닌 찬물에서 우려내기 때문에 특유의 섬세한 향을 끌어낼 수 있다는 장점이 있습니다. 하지만 맛과 향이 적절히 우러나기까지는 최소 30분 정도 충분한 시간이 필요하기 때문에 빠르게 음료를 내야 하는 상황에서는 적용하기 어렵습니다. 주로 차를 주류에 인퓨징하는 용도로 가장 많이 사용합니다.

1　찻잎 적당량을 계량하여 냉침 보틀에 담는다(일반 아이스티 기준 1g당 물 100ml).

2　찻잎을 넣은 냉침 보틀에 정수(혹은 주류)를 채운다.

3　실온 혹은 냉장 상태에서 우린다(찻잎과 물의 성질에 따라 30분~12시간까지 소요).

4　잔에 부어 제공한다.

5

베리에이션 티 구성 요소와
브루잉 방법

·

베리에이션 티는 추출한 차에 차 외의 다른 재료를 첨가해서 만든 혼합 음료입니다. 음료의 구성 요소를 이해하고, 차의 풍미와 잘 어우러지는 재료를 선정해 적정한 배합비에 맞게 레시피를 구현하다 보면 베리에이션 티 음료를 제대로 만들 수 있게 됩니다. 여기에서는 칵테일에서 사용하는 믹솔로지* 도구들을 최대한 활용해 기본적인 브루잉 테크닉을 익히고 연습해 계절의 티 레시피를 만들 수 있는 준비를 해봅니다.

• 믹솔로지(Mixology는 Mix와 Technology를 합친 용어로 과즙, 시럽, 주류 등의 여러 가지
   재료를 혼합해 만드는 칵테일과 같은 음료와 그 음료를 만드는 기술과 문화를 의미합니다.

베리에이션 티
구성 요소

베리에이션 티는 중심이 되는 베이스(차), 음료의 질감과 전체적인 특징을 결정하는 보디(과즙이나 유제품, 탄산), 당도를 맞춰 주고 색상에 변화를 줄 수 있는 시럽, 음료의 첫인상에 큰 영향을 주는 톱(가니쉬)으로 구성됩니다.

| 1 |

베이스(Base)

베리에이션 티는 차를 중심으로 한 음료이다 보니 베이스가 되는 차(홍차, 녹차, 우롱차, 흑차, 백차, 허브 등)의 향이 중요합니다. 싱글 오리진 티부터 블렌딩 티까지 다양한 색상과 향을 지닌 차 중에서 구현할 음료와 가장 잘 어울리는 색상과 향을 지닌 차를 선정해야 음료의 완성도가 높아집니다. 대용량으로 제조가 가능하다면 잎차를 사용하는 것이 좋지만, 소량으로 제조하는 경우에는 미리 계량되어 있는 티백을 사용해 간편하게 우리는 것이 좋습니다.

| 2 |

보디(Body)

보디는 베이스가 되는 차와 혼합되어 음료의 특징을 만들어주는 부재료(우유, 과일, 탄산, 주류 등)로 어떤 재료를 사용하는지에 따라 음료의 카테고리가 변화할 정도로 영향력이 큰 재료입니다. 유제품 또는 비건 유제품을 사용하는 경우에는 밀크티로 분류되고, 탄산을 사용하는 경우 스파클링 또는 에이드로 분류되는 것처럼 어떤 재료를 사용하느냐에 따라 음료의 캐릭터에 차이가 날 수 있습니다. 또한 주스를 사용하면 펀치나 아이스티로도 분류되는데 최종적인 음료의 캐릭터에 맞는 보디를 선택해 원하는 스타일의 음료를 만들 수 있습니다.

| 3 |

시럽(Syrup)

베리에이션 티 음료에 당도와 특유의 맛을 더하고 음료에 층을 내는 역할을 하는 재료(소스, 시럽 등)입니다. 다양한 향의 시럽, 꿀, 과육이 포함된 소스류, 또는 분말로 되어 있는 파우더 타입을 사용할 수도 있는데, 이런 당류들은 특유의 풍미가 있어서 음료에 복합적인 맛을 부여하는 용도로 사용됩니다. 또한 차의 풍미를 최대한 살리고 당도만 높이고 싶은 경우에는 백설탕을 쓰거나 설탕 시럽을 쓰기도 합니다. 이 책에서는 차를 이용해서 다양한 타입의 티 시럽을 만드는 레시피가 각 음료에 맞게 수록되어 있으니 음료 만들 때 활용할 수 있습니다.

| 4 |

톱(Top, 가니쉬)

가니쉬(허브, 과일, 스파이스 등)는 음료의 이미지(비주얼)를 완성하고 음료의 첫인상을 결정하는 역할을 하는 재료입니다. 때로는 식감을 보완하기 위해 크런치한 쿠키 분태나 견과류 타입의 가니쉬를 사용하기도 하고, 최근에는 디저트나 음식을 톱으로 장식하는 경우도 있습니다. 음료에 프레시한 느낌을 선사할 때는 프레시 허브나 생과일을 사용하고, 차분한 느낌을 연출하고 싶을 땐 스파이스나 건과일을 사용합니다. 귀여운 이미지를 연출할 때는 스프링클을 사용하기도 하는데, 제과에서 사용하는 가니쉬들은 주로 크림이나 우유 거품을 음료 위에 얹어 장식할 때 사용이 가능합니다. 스모키한 느낌을 내고 싶을 때는 가니쉬에 불을 붙이거나 연기를 쐬어주기도 합니다. 더불어 가니쉬는 반드시 식용품으로 허가된 것만 사용해야 합니다.

베리에이션 티
브루잉 방법

보다 아름답고 맛있는 베리에이션 티 음료를 만들기 위해서는 도구를 최대한 활용해 음료에 그라데이션을 만들거나 잔 가장자리에 슈거 리밍을 하는 등 다양한 기법을 응용할 수 있어야 합니다. 이 책에서 설명하는 모든 기법은 계절 레시피를 만들 때 응용하는 부분이니 음료 제조 전에 테크닉에 대한 설명을 미리 익혀주세요.

| 1 |

빌딩(Building, 직접 넣는 기법)

제공하는 잔에 직접 음료의 원료를 넣어 제조하는 방법으로 대부분 크림티와 밀크티, 그리고 티 칵테일 중 위스키 하이볼을 만들 때 사용하는 기법입니다.

| 2 |

스터링(Stirring, 휘젓는 기법)

믹싱 글라스에 얼음과 재료를 넣고 바 스푼으로 저어서 만드는 방법으로 도수가 높은 티 칵테일을
만들 때 주로 사용하는 기법입니다.

| 3 |

셰이킹(Shaking, 흔드는 기법)

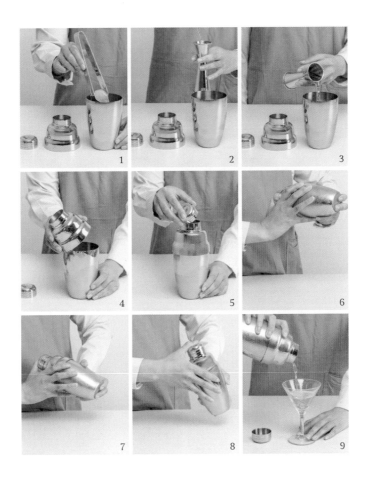

재료(달걀, 유제품, 시럽 등)들을 잘 섞이게 하고 동시에 내용물을 차갑게 하는 방법으로, 사워 티 칵테일과 티 목테일을 만들 때 자주 활용되는 기법입니다. 음료에 공기를 주입하게 되어 부드러운 거품층이 생성되기도 합니다. 코블러 셰이커 사용 시에는 반드시 보디에 스트레이너를 먼저 결합한 다음 캡을 닫아야 합니다.

| 4 |

블렌딩(Blending, 가는 기법)

블렌더를 사용해 재료와 얼음을 함께 넣고 가는 방법으로 스무디나 프라페, 피나 콜라다 같은 프로즌 칵테일을 만들 때 사용하는 기법입니다. 티 시럽을 만들 때도 종종 사용합니다.

| 5 |

플로팅(Floating, 층 쌓는 기법)

액체의 비중(무게 또는 밀도)이 다른 점을 이용하여 층을 쌓는 방법으로, 대부분의 밀크티와 에이드를 만들 때 활용합니다. 바 스푼의 뒷면을 이용해 액체를 천천히 흘려보내면서 층을 쌓으면 됩니다.

| 6 |

머들링(Muddling, 으깨는 기법)

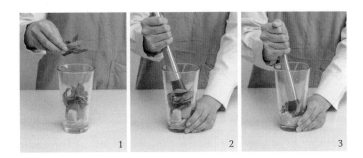

허브나 생과일의 맛과 향이 더욱 강해지도록 으깨는 방법으로 논알코올 모히토 제조 시 주로 사용하는 기법입니다. 믹싱 글라스에 머들러를 사용할 때는 지그시 눌러서 으깨는 것이 좋습니다.

| 7 |

리밍(Rimming, 묻히는 기법)

글라스의 입구 가장자리(림)에 과즙이나 꿀을 바른 후 설탕이나 소금을 묻혀서 스노우 스타일의 음료를 만들 때 사용하는 기법입니다. 에이드와 밀크티, 칵테일에 광범위하게 사용할 수 있으며, 초콜릿 소스를 바르고 견과류를 리밍하는 등의 응용도 가능합니다.

PREPARATION

티 테이블과
레시피 준비하기

2

계절에 어울리는 티 메뉴를 준비하고 운영할 때에는 각 도구
를 어떻게 세팅하고 관리하면 좋을지. 베리에이션 티에 사용
하는 재료들은 무엇이고 메뉴를 만들기 위해서는 어떤 준비가
필요하고 어떻게 관리하면 좋을지 알아두면 도움이 됩니다.
여기에서는 우선 음료를 제공할 때 사용되는 차 도구의 기본
적인 세팅을 확인해 봅니다.

1

Straight Tea

스트레이트 티

•

스트레이트 티는 마시는 사람이 경험하는 차의 찻잎, 차를 우려낸 다
관을 함께 제공하는 것이 좋습니다. 그리고 차를 담은 숙우나 티포트
를 제공해 여러 잔 마실 수 있도록 하면 시간에 따라 조금씩 변화하는
차의 풍미를 즐길 수 있습니다. 스트레이트 티는 어떤 잔과 다관에 담
는지에 따라서 인상이 많이 달라질 수 있어 차를 선보일 공간의 이미
지와 잘 어울리는 도구를 선택할 수 있도록 평소에 다양한 차 도구를
유심히 살펴보는 것도 필요합니다.

| 브루잉 스타일에 맞는
| 티 테이블 세팅

누군가와 함께 차를 마신다고 가정하고 캐주얼하게 티 테이블 세팅하는 방법을 배워 봅니다.

| 1 |

영국식 티 브루잉

차를 제공할 때 가장 편리하게 활용할 수 있는 방식은 영국식 티 브루잉입니다. 차를 우리는 것이 익숙하지 않은 사람도 티포트와 티컵, 그리고 차를 우리는 방법에 대한 가이드가 있으면 누구나 할 수 있기 때문에 대부분의 티 브랜드에서는 이 방식을 채택합니다. 또한 블렌딩 티와 홍차를 주 메뉴로 하는 공간, 제과를 주력으로 하는 디저트 카페, 애프터눈티를 제공하는 티룸에 가장 어울리는 방법입니다.

➡ 브루잉 방법: 93쪽 인도 다즐링 퍼스트 플러시 참조

☟ 캐주얼한 서양식 티 테이블 세팅

영국식으로 우린 홍차나 블렌딩 티를 제공할 때, 찻잔과 더불어 우린 차를 담은 서브 티포트를 제공합니다. 차는 찻잔에 2~3회 정도 따라 마실 분량의 차가 있으면 가장 좋습니다. 설탕을 담은 슈거볼과 우유를 담은 밀크 저그를 준비해 취향에 맞게 첨가해 즐길 수 있도록 하면 좀 더 섬세한 티 서비스를 제공할 수 있습니다. 이 경우에는 반드시 티스푼을 찻잔 받침(소서) 위에 올려서 제공해 주세요. 디저트를 함께 제공할 때에는 티포트나 찻잔과 같은 디자인의 디저트 접시를 함께 제공하면 더욱 좋습니다. 디저트의 종류에 따라서 티포크나 버터나이프 등을 함께 세팅합니다.

| 2 |

중국식 티 브루잉

중국식 차 도구를 사용한 티 브루잉은 차가 가진 본연의 맛과 향을 가장 강도 높게 추출할 수 있는 방법입니다. 작은 크기의 다관에 여러 번 우려 마시는 방식으로 사용하는 도구이다 보니, 한번 우리는 것에 적합하게 만들어진 티백보다는 테루아적인 특징을 잘 보여줄 수 있는 싱글 오리진 잎차를 우릴 때 효과적입니다. 또한 중국식 도구는 사용하는 사람의 숙련도에 따라 맛의 편차가 있을 수 있으니 차를 우리는 연습이 많이 필요합니다. 주로 화과자, 약과와 같은 동양풍의 디저트를 제공하는 공간, 리추얼한 이미지를 추구하는 공간, 싱글 오리진 티를 중심으로 메뉴를 구성하는 공간에 어울리는 방법입니다.

➜ 브루잉 방법: [개완] 81쪽 중국 윈난성 월광백차, [다호] 89쪽 타이완 동방미인 겨울차, [자사호] 421쪽 중국 무이암차 수선 참조

▼ 캐주얼한 중국식 개완 티 테이블 세팅

중국식으로 차를 개완에 우리게 되면, 찻잔과 더불어 숙우와 다하를 함께 세팅합니다. 만약 손님을 마주 보고 차를 우려야 한다면 사진과 같이 기본적인 세팅을 하는 것이 좋습니다.

사용하기 편한 손 방향에 찻수건(다건)과 다하, 차시를 둡니다. 그리고 중앙에 개완, 그 옆에 숙우를 둡니다. 퇴수기는 가급적이면 차를 마시는 사람과 우리는 사람 둘 다 사용하기 편하도록 차를 마시는 사람 오른쪽에 두는 편이 좋습니다. 찻잔은 찻잔 받침과 함께 차를 마시는 사람 앞에 세팅합니다. 상황에 따라 티 매트를 깔고 그 위에 차 도구를 세팅해도 좋습니다. 차를 마시는 사람이 직접 차를 우리는 경우에는 지금의 티 테이블 세팅을 역방향으로 활용하면 됩니다.

❧ 캐주얼한 중국식 다호 티 테이블 세팅

다호로 차를 우린 후에 제공하게 되면 찻잔과 함께 숙우와 다하를 세팅합니다. 그리고 우린 차가 담긴 다호를 같이 내면 더욱 몰입감 높은 구성이 될 수 있습니다. 만약 손님을 마주 보고 차를 우려야 한다면 사진과 같이 기본적인 세팅을 하는 것이 좋습니다.

사용하기 편한 손 방향에 찻수건과 다하, 차시를 둡니다. 그리고 중앙에 개완 그 옆에 숙우를 두고, 퇴수기는 가급적이면 차를 마시는 사람과 우리는 사람 둘 다 사용하기 편하도록 차를 마시는 사람의 오른쪽에 두는 것이 좋습니다. 찻잔은 찻잔 받침과 함께 차를 마시는 사람 앞에 세팅합니다. 상황에 따라 티 매트를 깔고 그 위에 차 도구를 함께 두어도 좋습니다. 중국식으로 다호에 차를 우릴 때는 다호에서 물이 흘러내릴 가능성이 높으니 호승(다호를 받치는 그릇)을 함께 세팅하면 더욱 좋습니다.

❧ 캐주얼한 중국식 자사호 티 테이블 세팅

자사호로 차를 우린 후에 제공하게 되면 찻잔과 함께 숙우와 다하를 세팅합니다. 또한 우린 차가 담긴 자사호를 같이 세팅하면 더욱 몰입감 높은 구성이 될 수 있습니다. 만약 손님을 마주 보고 차를 우려야 한다면 사진과 같이 기본적인 세팅을 하는 것이 좋습니다.

사용하기 편한 손 방향에 찻수건과 다하, 차시를 둡니다. 그리고 중앙에 개완 그 옆에 숙우를 둡니다. 퇴수기는 가급적이면 차를 마시는 사람과 우리는 사람 둘 다 사용하기 편하도록 차를 마시는 사람 오른쪽에 두는 것이 좋습니다. 찻잔은 찻잔 받침과 함께 차를 마시는 사람 앞에 배치합니다. 상황에 따라 티 매트를 깔고 그 위에 차 도구를 배치해도 좋습니다. 중국식으로 자사호에 차를 우릴 때는 다호에서 물이 흘러내릴 가능성이 있으니 호승이나 차판을 함께 세팅하면 더욱 좋습니다.

| 3 |

한국식 티 브루잉

우리나라에서 예전부터 사용해 오던 차 도구는 다관의 옆면에 손잡이가 있는 디자인으로 구성된 경우가 많습니다. 또한 무게감이 있는 편이라 빠르고 신속하게 사용해야 하는 환경보다는 느긋하게 시간을 보낼 때 잘 어울립니다. 우리나라의 차 도구를 사용한 티 브루잉은 녹차뿐만 아니라 한국 홍차와 전통 대용차에도 사용할 수 있는데, 포근하고 정중한 느낌을 주고 싶을 때 활용할 수 있는 방법입니다. 역시나 다관에 여러 번 우려 마시는 방식으로 사용하는 도구이다 보니 싱글 오리진 잎차에 더 적합합니다. 약과와 같은 한국적인 디저트를 제공하는 공간, 정중한 이미지를 추구하는 공간, 전통찻집의 포근한 느낌을 추구하는 공간이라면 이 방식을 추천합니다.

➡ 브루잉 방법: 85쪽 한국 우전 녹차 참조

☝ 캐주얼한 한국식 다호 티 테이블 세팅

한국식 다관으로 차를 우린 후에는 가급적 찻잔과 숙우, 다관을 모두 제공하는 것을 추천합니다. 찻잎을 확인할 수 있도록 다하에 약간의 찻잎을 담아서 드리면 더욱 좋습니다. 만약 손님을 마주 보며 차를 우려야 한다면 사진과 같이 기본적인 세팅을 하는 것이 좋습니다.

사용하기 편한 손 방향에 찻수건과 다하, 차시를 두고 중앙에 숙우와 다호를 둡니다. 퇴수기는 가급적이면 차를 마시는 사람과 우리는 사람 둘 다 사용하기 편하도록 차를 마시는 사람의 오른쪽에 두는 편이 좋습니다. 찻잔은 손님 앞에 배치하고 가급적이면 티 매트를 깔고 그 위에 차 도구를 둡니다.

| 4 |

말차 티 브루잉

말차 티 브루잉은 잎차(침출차)가 아닌 분말 타입의 차를 우릴 때 활용할 수 있는 방법입니다. 스트레이트 티뿐만 아니라 베리에이션 티에서도 활용이 가능한 브루잉 방법입니다. 쉽고 빠르게 메뉴를 만들어 제공할 수 있는데 우선은 기본적인 격불 방법을 숙지하고 물의 양을 가감하면서 베리에이션 티에 활용합니다. 말차 티 브루잉은 빵을 주력으로 하는 매장, 커피 음료를 주력으로 하는 매장이나 바를 운영하는 곳에서 활용하면 좋습니다.

➡ 브루잉 방법: 185쪽 한국 말차 참조

❋ 말차 티 세팅

말차를 격불해서 차를 제공할 때는 찻사발만 제공하는 것이 좋습니다. 말차는 분말 타입이라 입자가 가볍고 가늘어서 함께 제공해도 찻잎의 향을 감상하기 어렵고 자리가 오염될 수 있어 굳이 함께 제공하지 않아도 됩니다. 말차와 함께 작은 접시에 양갱 같은 맛이 진한 다식을 함께 제공하는 것도 좋습니다.

손님을 마주 보고 격불하며 차를 제공해야 할 경우에는 찻수건과 차선, 말차를 담은 차통을 미리 준비하면 되는데, 가급적 차를 마시는 사람과 간격을 두고 기물을 세팅해 격불하는 동안 차가 튀지 않도록 합니다. 말차는 차를 마시는 사람이 직접 격불하기에는 찻물이 튈 가능성이 높아 가급적 체험은 하지 않는 것이 좋습니다.

티 브루잉에 적합한 물

차는 찻잎을 물에 우려 제공하는 음료이다 보니 같은 찻잎이라 해도 어떤 컨디션의 물을 사용했는지에 따라 맛에 차이가 발생합니다.

• **경수와 연수 차이** ｜ 미네랄 함량이 높은 경수일수록 차 맛은 다소 적게 추출되고 색상이 짙게 우러나게 되는데, 이 경우에는 스트레이트 티의 풍미를 내기 위해서 보다 많은 찻잎을 사용해야 하고 베리에이션 티를 만들기에는 맛의 강도가 낮아서 추출 시간을 연수보다 1.5배 정도 더 길게 해야 합니다. 우리나라에서 쉽게 접할 수 있는 물은 대부분 연수인데 차의 맛과 향이 진하게 추출되고 색상이 밝고 선명하게 표현될 수 있어 차를 우릴 때는 연수를 사용하는 것이 훨씬 유리합니다. 다만 유럽에서 수입해오는 차의 경우, 유럽의 수질에 맞춘 경수에 적합한 브루잉 가이드를 제시하는 까닭에 우리나라의 물을 사용해서 우릴 경우 시간을 더 짧게 추출하는 것이 좋습니다. 시간을 조절하기 어렵다면 물의 양을 1.2배 정도 늘려서 추출해도 됩니다. 차 전문 매장에서는 차의 섬세한 향미 표현을 위해 연수 필터를 설치하는 경우도 있는데, 환경이 여의치 않다면 시판되고 있는 삼다수나 백산수를 활용하는 것도 하나의 방법입니다.

• **산소포화도 차이** ｜ 차의 섬세한 맛과 향을 표현하고 싶을 때는 갓 끓여낸 물을 사용하는 것이 좋습니다. 산소포화도가 높은 물일수록 찻잎이 우러날 때 방향성 물질의 추출을 원활하게 할 수 있어 향이 더 풍부할 뿐만 아니라 형성된 기포들이 수중에서 찻잎을 움직이게 하면서 추출수율을 높여주어 맛이 더욱 진해질 수 있습니다. 오랫동안 물을 반복적으로 끓인 경우에는 산소가 이미 기화된 상태이기 때문에 섬세한 차를 우려내도 차의 풍미가 밋밋해질 수 있습니다. 가급적 물은 바로 끓여서 우리는 것을 추천하지만, 상황이 여의치 않은 경우에는 처음부터 가향이 풍부하게 되어 있는 블렌딩 티를 활용하는 것이 좋습니다.

✤

차를 우리고 제공하는 도구는 찻물이 자주 흡착되어 꾸준히 관리하지 않으면 금방 변색되고 비위생적으로 관리했다는 오해를 살 수 있습니다. 사용하는 차 도구의 변색 관리는 1주일에 3~4회가량 진행하는 것이 좋은데, 사용빈도가 낮으면 주 1회 정도 진행해도 됩니다.

• **유리, 유약 처리된 도자기류 세척** │ 티포트, 티컵 등 찻물이 직접적으로 닿는 기물들은 쉽게 변색될 수 있습니다. 티 바를 운영하는 곳에서는 대부분 영국 아스토니쉬사의 클리너를 이용해 기물을 세척하는데, 유사한 기능의 다른 제품을 사용해도 무방합니다.

가. 세척할 기물을 한데 모아 세척통에 넣는다.
나. 세척할 기물에 클리너를 1티스푼씩 뿌린다.
다. 클리너를 뿌린 기물이 잠길 때까지 팔팔 끓인 물을 붓는다.
라. 10분간 끓인 물에 담가둔다.
마. 10분 후 흐르는 물에 헹구어 건조시킨다.

기물 세척은 가능하면 자주 하는 것이 좋으나 클리너를 과하게 사용할 경우 도자기 잔의 그림이 옅어지거나 유리의 내구성이 약해지는 등 부작용이 생길 수도 있습니다. 꼼꼼하게 세척하고 클리너는 일주일에 3회 정도 사용하는 것이 가장 좋습니다. 또한 유약을 바르지 않은 무유 도자기, 고가의 작가 기물, 자사호, 금박이나 은박이 있는 도자기 등은 세제를 사용하지 않는 것이 좋습니다. 이 경우에는 매직 블록을 사용해 오염 부위를 문질러 흐르는 물에 세척합니다.

• **스테인리스류 세척** │ 주방에서 쓰는 도구의 특성상 스테인리스에는 물때, 기름때가 끼기 쉽습니다. 표면에 흰 얼룩이나 찻물로 인한 거뭇한 얼룩이 생기면 베이킹소다를 적극 활용합니다.

가. 세척해야 할 기물에 베이킹소다를 골고루 뿌린다.
나. 베이킹소다와 같은 비율로 구연산을 뿌린다.
다. 뜨거운 물을 붓고 잠시 두었다가 수세미로 꼼꼼하게 문질러 닦는다.

2

Variation Tea

베리에이션 티

•

베리에이션 티는 차를 다양한 방식으로 추출하고, 추출한 차에 어울리는 유제품이나 시럽 또는 주류 등의 재료들을 혼합하는 음료입니다. 다루는 원료가 다양하다 보니 고려해야 할 부분도 많습니다. 만들고자 하는 음료에 따라 차를 물에 추출할지, 주류에 추출할지, 시럽으로 만들지 등을 결정해야 하고 직접 소스와 시럽을 만들지, 가니쉬는 어떻게 손질하고 장식하면 좋을지도 생각해야 합니다. 복잡해 보이지만 차근히 준비하다 보면 생각보다 쉽고 빠르게 음료를 만들 수 있으니 하나씩 체크해 봅니다.

| 베리에이션 티
구성 재료 | 차를 활용해 만드는 베리에이션 티에는 각 음료의 구성에
따라 다양한 재료들이 사용되는데, 여기에서는 음료의 구
성과 자주 활용되는 재료에 대해 배워 봅니다. |

| 1 |
베이스(잎차와 티백)

이 책에서는 잎차와 티백을 골고루 사용해 레시피를 구성했습니다. 섬세한 풍미를 표현하는 것이
중요한 음료에서는 잎차를 사용해 차의 향을 활용하고, 개성 있는 맛이 위주가 되는 음료에서는
티백을 사용했습니다. 대용량 음료를 제조할 경우에는 티백과 같은 사양의 차를 잎차로 구매해
사용하는 것이 더 편리할 수 있으니 상황에 맞게 활용해 주세요.

◆ **잎차**: 잎차는 주로 싱글 오리진 티로 구성되어 있는데, 헤르만의 정원과 티에리스 그리고 공부
차에서 판매하는 차를 주로 사용했습니다.

◆ **티백**: 티백은 안정적으로 수급이 가능한 브랜드의 티를 활용했습니다. 계절 레시피에는 아크
바, 알디프, 오설록, 아일레스 티의 차를 주로 사용했습니다.

| 2 |

보디(유제품, 탄산, 주류 등)

음료의 질감과 함께 어떤 음료인지를 정해주는 보디 재료로는 유제품, 탄산, 주류, 과즙을 폭넓게 사용했습니다.

◆ **유제품**: 우유는 차의 풍미를 방해하지 않는 것으로 사용하는 것이 좋습니다. 크림은 유지방 38% 함량의 매일 생크림과 서울우유 생크림을 병행해 사용했는데, 수입 크림을 사용하면 크림 향이 차의 풍미를 방해하는 경우가 있어 가급적이면 냉장 유통되는 국내 시판제품을 사용하는 것이 좋습니다. 오트 밀크는 풍부한 보디감을 지닌 오틀리의 〈오트 드링크 티 마스터〉와 〈오트 드링크 바리스타 에디션〉을 주로 사용하고 두유는 매일두유 무가당 제품을 사용했습니다.

◆ **탄산**: 에이드와 하이볼의 풍미에 큰 영향을 주는 탄산은 밸런스가 좋고 수급이 안정적인 제품을 선택하는 것이 좋습니다. 이 책의 레시피에서는 진로 토닉워터와 캐나다드라이 진저에일, 토마스 헨리의 소다 워터를 사용했고, 그 외 탄산은 탄산 주입기를 활용해 직접 만들었습니다.

◆ **주류**: 티 칵테일에서 중요한 역할을 하는 주류는 다양한 종류를 활용했습니다. 가장 많이 사용한 술은 진과 위스키, 트리플 섹이며, 종종 그 외의 주류도 활용했습니다. 이 책에서 특별히 브랜드를 언급하지 않은 경우 진은 비피터, 버번 위스키는 잭다니엘, 테킬라는 호세 쿠엘보를 사용했습니다.

| 3 |

시럽(소스, 시럽, 설탕, 꿀 등)

음료에서 단맛과 복합적인 풍미를 더하는 시럽류는 분말과 액상을 모두 활용하여 설탕, 시럽, 소스, 꿀, 커버춰 초콜릿을 사용했습니다.

◆ **설탕**: 설탕은 종류마다 풍미가 조금씩 다릅니다. 캐러멜 풍미를 지닌 브라운슈거나 스모크 풍미와 감칠맛이 인상적인 흑당, 마스코바도 같은 재료들은 풍미에 영향을 주기 때문에 사용하지 않는 것이 좋습니다. 차 풍미를 유지하기 위해 백설탕을 주로 사용했는데, 조금 더 가벼운 보디감을 원한다면 자일로스 설탕을 사용해 주세요.

◆ **시럽**: 차의 풍미를 진하게 내기 위해 티 시럽은 직접 만들어 사용하는 것이 좋으며, 그 외의 복합적인 느낌을 추가하기 위해 모닌과 1883, 마리브리자드의 시럽을 주로 활용했습니다.

◆ **파우더 및 과일청**: 파우더는 주로 포모나의 제품을 사용하고, 과일청은 복음자리 제품을 활용했습니다.

◆ **소스**: 묵직한 질감을 내기 위해서 과일 퓌레와 베이스를 많이 활용했습니다. 이 책에서는 아임요, 타코의 제품 외에도 모닌, 세미 베버시티 제품을 사용했습니다.

◆ **꿀**: 라벤더 꿀, 아카시아 꿀 등 다양한 밀원을 가진 꿀을 사용했습니다. 사양 벌꿀은 원가가 합리적이지만 꽃의 풍미가 없어서 가급적이면 밀원이 기재되어 있는 꿀을 사용해 주세요(밤꿀 제외).

◆ **커버춰 초콜릿**: 겨울 음료에 많이 사용되는 커버춰 초콜릿은 밸런스가 좋은 칼리바우트 제품을 주로 사용했습니다.

| 4 |

톱(과일, 허브 가니쉬)

음료의 상단부를 장식하는 가니쉬는 과일과 스파이스, 허브 잎을 사용해 도입부에 산뜻한 느낌을 더해주었습니다.

◆ **과일:** 주로 시트러스 계열의 과일을 가장 많이 사용하는데, 오렌지와 레몬, 라임은 수급 가능한 것으로 사용했습니다. 그 외에 계절 과일로는 사과, 복숭아, 무화과, 수박을 사용했으며, 복숭아는 단단한 질감을 사용하는 것을 추천합니다. 수박의 경우 모양을 내기 위해서는 애플수박을 사용해야 하며, 망고와 자두, 홍시 등은 시판 냉동 과일을 사용했습니다.

◆ **허브:** 허브 잎의 경우 주로 로즈마리, 애플민트, 타임을 사용했습니다. 음료의 특성에 따라 딜, 바질을 사용하거나 재스민을 활용하기도 합니다. 재스민은 향에 영향을 주지 않아야 할 때 활용하기 좋습니다.

◆ **스파이스:** 향신료는 대부분의 계절 음료에 광범위하게 사용했습니다. 후추는 그라인더로 갈아 활용하고, 시나몬은 스틱 상태로, 생강은 슬라이스 해 활용하면 좋습니다.

◆ **그 외 가니쉬:** 동양적인 향기를 더하기 위해서는 참기름을 사용하기도 합니다. 또는 과자나 견과류를 사용해 다양한 식감을 내기도 합니다.

베리에이션 티 활용
시럽 만들기

베리에이션 티에서는 차의 풍미를 더하는 다양한 티 시럽을
제조합니다. 가장 기초가 되는 티 시럽은 가열식 시럽과 침
출식 시럽인데, 가열식은 홍차 시럽에 가장 적합하고, 침출
식 시럽은 허브와 우롱차 시럽을 만들기 좋습니다.

| 1 |
가열식 홍차 시럽

Ingredient   아쌈 홍차 8g, 온수(95도) 250ml, 설탕 250g

Tool   냄비, 계량컵, 스트레이너, 바 스푼, 시럽 보틀

1   찻잎을 계량해 냄비에 담는다.

2   냄비에 온수를 붓고 중약불에 5분 정도 가열한다.

3   약불로 줄인 후 설탕을 넣고 바 스푼으로 저어 완전히 녹인다.

4   스트레이너로 걸러 준다.

5   소독한 병에 담아서 라벨링하고 냉장 보관한다(냉장에서 2주 사용 가능).

| 2 |

침출식 우롱 시럽

Ingredient   우롱 10g, 온수(90도) 250ml, 설탕 180g

Tool   계량컵, 바 스푼, 스트레이너, 시럽 보틀

1   계량컵에 찻잎을 넣고 온수를 부어 5분간 추출한다.

2   계량컵에 설탕을 넣고 찻잎이 있는 상태에서 설탕을 잘 녹인다.

3   소독한 병에 스트레이너로 걸러 담고 라벨링해 냉장 보관한다(냉장에서 8일 사용 가능).

베리에이션 티
가니쉬 손질

베리에이션 티에 자주 사용하는 과일 가니쉬는 미리 손질해 별도의 용기에 보관해 두었다가 사용하는 것이 편리합니다. 다만 사과나 복숭아처럼 갈변이 쉬운 과일은 레몬즙을 미리 뿌려 두거나 사용 직전에 손질하는 것이 좋습니다.

| 1 |

웨지 가니쉬

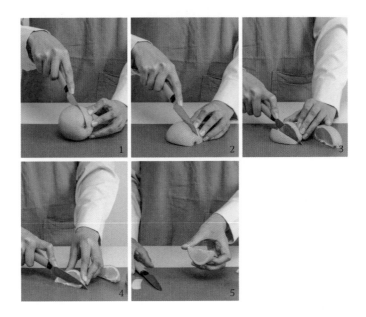

1   과일의 중앙에서 세로 방향으로 절반을 자른다.

2   절반으로 자른 과일의 중앙에서 세로 방향으로 다시 절반을 자른다.

3   1/4조각 과일의 중앙에서 세로 방향으로 다시 절반을 자른다.

4   과일 조각 중심부의 흰 섬유질 부분을 손질하여 자른다.

5   깔끔하게 완성된 가니쉬를 보관 용기에 담아 냉장 보관한다(24시간 이내 사용).

|2|

필 가니쉬

1   웨지로 잘라둔 과일 조각을 활용하여 과육 부분을 도려낸다.

2   남은 껍질에서 흰 섬유질 부분을 잘라낸다.

3   한 손으로 껍질을 길게 잡고 살짝 힘을 주어 구부리면 음료에 향을 입힐 수 있다.

4   양손으로 잡고 비틀어서 분사할 수도 있는데, 이 경우 모양이 고정된다.

5   모양이 잡힌 필을 글라스에 올려 장식한다.

| 3 |

휠 가니쉬

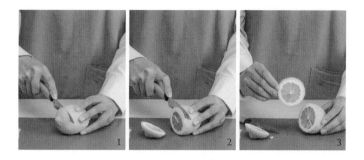

1   과일의 양 끝 부분의 10%가량을 잘라서 제거한다.

2   0.7mm 정도의 간격으로 필요한 만큼 자른다.

3   원형으로 자른 휠에서 씨앗의 단면이 너무 과한 경우 씨앗을 제거하고 보관 용기에 담아 냉장 보관한다(24시간 이내 사용).

| 4 |

시트러스 슬라이스 가니쉬

1   과일의 중앙에서 세로 방향으로 절반을 자른다.

2   반으로 자른 과일의 가로 방향으로 끄트머리를 잘라 제거한다.

3   0.5~0.7cm 정도 간격으로 자른다.

4   필요한 만큼 자른 슬라이스를 보관 용기에 담아 냉장 보관한다(24시간 이내 사용).

| 5 |

그 외 과일 슬라이스 가니쉬

1   과일의 중앙에서 안쪽으로 칼집을 낸다.

2   0.5cm 간격으로 얇게 저민다.

3   안쪽의 씨앗 부분을 손질해 잘라내고 보관 용기에 담아 냉장 보관한다(24시간 이내 사용).

❖

--------◆-◆-◆-◆-◆--------- 최적의 음료 제공량 ---------◆-◆-◆-◆-◆--------

잔에 담는 음료의 양에도 차이가 느껴질 때가 있습니다. 음료의 타입별로 담기 적정한 양이 달라질 수 있으니 참고해 주세요.

• 아이스티, 에이드, 칵테일 |
잔의 80% 정도 선까지 음료를 담아 제공했을 때 넘치지 않고 가장 풍성해 보이는 용량으로 인식될 수 있습니다.

• 스무디 | 잔의 85~90% 정도 선까지 음료를 담아서 제공했을 때 가장 풍성해 보입니다.

• 아인슈페너, 밀크티 | 크림이나 우유 거품이 잔을 가득 채우는 정도로 담아낼 때 가장 풍성해 보입니다.

--------◆-◆-◆-◆-◆--------------------------------◆-◆-◆-◆-◆--------

음료 제조 및 재료 계량을 위한
일러두기

- 이 책의 음료 제조에 소요되는 시간은 티 시럽이나 크림 등을 제외하고 음료 메이킹에 소요
  되는 시간을 참고용으로 기재해 두었습니다.
- 재료 중 온수, 우유는 부피 단위(ml)로 계량이 어렵다면 저울로 중량을 계량하여 ml와 동량
  을 g으로 계량해 주세요.
- 음료 제조에 필요한 가니쉬는 모두 미리 손질해 준비합니다. 허브 잎과 과일은 깨끗하게 세척
  해 미리 잘라서 보관해 주세요.
- 파우더나 곡물, 찻잎은 사용할 만큼만 소분해 전용 유리 용기에 담아 사용해 주세요.
- 유제품은 반드시 냉장 보관한 것을 사용해 주세요.
- 파우더, 설탕, 페이스트, 과일 등 고형분 재료의 경우 별도의 용기에 미리 재료를 준비해 둘
  수 있습니다. 음료를 만들기 전에 미리 준비해 주세요.
- 물, 시럽, 탄산, 소스 등은 별도의 용기에 계량하여 보관이 어렵습니다. 지거와 계량컵, 계량
  스푼을 사용해 제조 시점에 바로 계량해 사용합니다.
- 이 책의 레시피에서는 필요한 재료의 종류와 수량이 음료 소개 페이지에 기재되어 있으니,
  제조 시 바로 계량해야 하는 액체류에 대한 정보를 미리 체크한 후 음료를 제조해 주세요.

TEA
BREWING
FOR THE
FOUR
SEASONS

계절에 어울리는
티 브루잉

3

해당 파트에서는 음료 제조 과정을 단계별로 기록했으며, 음료를 만들기 위해 미리 준비해야 하는 것과 음료 메이킹 과정을 각 레시피에서 확인할 수 있습니다.

—

미리 만들어 준비하는 시럽이나 탄산수는 대부분 2~5잔을 기준으로 계량했습니다. 여러 잔을 만들 계획이라면 기재된 재료의 배수를 곱해 계량해 주세요. 가열 레시피는 소량으로 만들 경우 가열 시간을 70% 수준으로 줄여야 합니다.

—

냉침 보틀과 시럽 보틀, 크림 보관 용기는 모두 미리 열탕 소독하거나 식품 소독용 알코올로 꼼꼼하게 분무한 후 알코올을 완전히 말린 다음 사용해 주세요.

—

사용 잔에 따라 제공되는 음료의 용량이 다를 수 있습니다. 이 책에서는 사용 글라스 소개에 기재된 용량을 기준으로 제조하였습니다.

TEA
BREWING
FOR THE
FOUR 계절에 어울리는
리 브루잉
SEASONS

봄의 ─────

tea
레시피

계절의 시작인 봄의 음료는 이른 봄에 돋아난 어린 잎으로 만든 차를 활용해 산뜻하고 자연스러운 맛을 내는 것이 좋습니다. 이럴 땐 부재료를 많이 사용하기보다는 2~3가지 이내로 간단하게 구성해야 합니다. 이 계절에 피어나는 꽃과 탄산을 활용해 가볍게 시작하는 이번 레시피는 티를 처음 접하는 사람도 쉽게 따라 만들 수 있도록 어려운 기법 활용보다는 기본에 충실한 구성으로 만들어 봅니다.

China Yunnan Moonlight White Tea

중국 윈난성 월광백차

Hot/Ice | Straight Tea | Non-Alcohol

순수한 새싹에서 피어나는 여린 꽃 향과 잘 말린 과일의 풍미가 매력적인 중국 윈난성의 월광백차

Profile	Aroma	Taste	Caffeine Level
	화이트 플라워, 건살구, 패션푸르트	선명한 단맛과 감칠맛	높음

Note

중국 윈난성에는 사람 키만큼 크게 자라나는 야생의 차 나무들이 있습니다. 윈난성 대엽종으로 불리는 이 차 나무에서 자라난 새싹을 따서 만든 백차는 흰 솜털이 보송하게 달린 튼실한 모양인데, 한 면은 어둡고 한 면은 흰 빛으로 되어 있어 밤 하늘의 달과 같아 보여 월광백차(月光白茶)라는 이름으로 불립니다. 이 차는 중국식 차 우림 도구인 개완을 이용해 우리면 향을 진하게 느낄 수 있어 가급적이면 개완으로 우려 마시는 것을 추천합니다. 시원한 차로 마실 경우 차가운 물에 천천히 우리는 냉침법으로 마시면 복합적인 과일 향의 조화를 맛볼 수 있습니다.

Making Time

중국식 브루잉으로 찻잎을 적시는 세차를 8초 한 후 1분 30초, 2분으로 늘려 추출

Cup

중국식 찻잔 또는 하이볼 글라스

Tool

HOT 개완, 숙우, 스트레이너
ICE 냉침 다관

Ingredient

HOT 월광백 5g(개완의 1/3), 온수(70~80도) 1회 우림 시 약 150~200ml씩
ICE 월광백 6g, 정수 500ml

Recipe

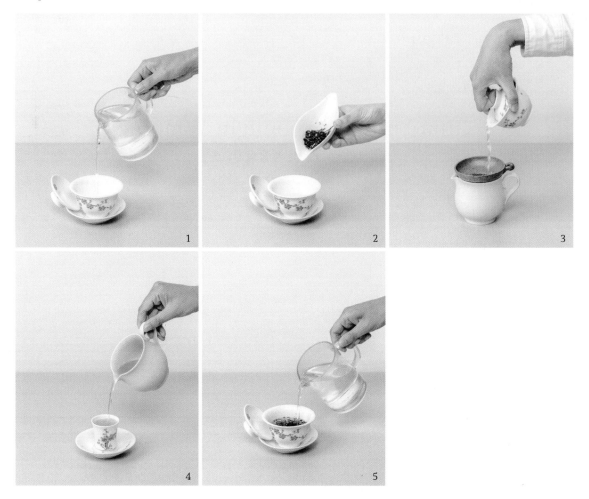

Hot Tea

1   개완과 숙우, 찻잔을 예열한 후 예열 물을 버린다.

2   개완에 찻잎을 담은 후 온수를 조심스럽게 붓는다.

🍃 중국식으로 추출할 경우 찻잎은 사용하는 개완의 1/2~1/3 정도만 담아 추출하는 것이 가장 이
    상적이다.

3   8초 정도 시간이 지난 후 찻잎을 거르며 숙우에 차를 옮겨 담는다.

4   세차한 찻물은 찻잔에 따라두어 예열용으로만 사용한다.

5   개완에 거듭 온수를 부어가며 짧은 시간 동안 차를 우리는 것을 4~5회
    정도 반복한다.

Ice Tea(냉침)

1   유리 다관에 찻잎을 담는다.

2   정수를 붓고 뚜껑을 잘 닫아 냉장에서 8시간 우린다.

3   글라스에 차갑게 우린 차를 붓는다.

Korea Woojeon Green Tea

한국 우전 녹차

Hot/Ice | Straight Tea | Non-Alcohol

봄에 돋아난 가장 어린 첫 번째 잎을 수확해 만든 순수하고 구수한 한국 우전 녹차

Profile	Aroma	Taste	Caffeine Level
	난꽃, 마카다미아, 청포도	부드러운 단맛과 감칠맛, 여린 쓴맛	높음

Note

한국 녹차는 수확 시기를 기준으로 이름을 짓습니다. 24절기 중 곡우 전(4월 20일경)에 돋아난 아주 어린 잎을 따서 만들면 곡우 전에 만든 차라고 하여 우전(雨前)이라고 부르는데, 우리나라에서는 우전차를 첫물차라 부르며 가장 높은 등급으로 봅니다. 이 차는 한국식 차 우림 도구를 이용해 우리면 꽃 향을 진하게 느낄 수 있어서 가급적이면 차호로 따뜻하게 우려 마시는 것을 추천합니다. 시원한 차로 마실 경우에는 차가운 물에 천천히 우려 마시는 냉침법으로 마시면 뛰어난 감칠맛과 상쾌한 풍미를 즐길 수 있습니다.

Making Time

한국식 브루잉으로 1분 30초, 2분으로 시간을 늘려 추출

Cup

한국식 찻잔 또는 유리 찻잔

Tool

HOT 차호, 숙우, 스트레이너
ICE 냉침 다관

Ingredient

HOT 우전 녹차 5g(차호의 1/3), 온수(80도) 1회 우림 시 약 150~200ml씩
ICE 우전 녹차 6g, 정수 500ml

Recipe

Hot Tea

1   차호와 숙우, 찻잔을 예열하고 예열 물은 버린다.

2   차호에 찻잎을 담은 후 온수를 조심스럽게 붓는다.

🍃 한국식으로 추출할 경우 찻잎은 사용하는 차호의 1/3 정도만 담아 추출하는 것이 가장 이상적
    이다.

3   1분 30초 정도 시간이 지난 후 스트레이너를 이용해 찻잎을 거르고
     숙우에 차를 옮겨 담는다.

4   찻물을 찻잔에 따라 색과 향, 맛을 감상한다.

5   차호에 거듭 온수를 부어가며 짧은 시간 동안 차를 우리는 것을 2~3회
     정도 반복한다.

Ice Tea(냉침)

1   냉침 다관에 찻잎을 담는다.

2   정수를 붓고 뚜껑을 잘 닫아 냉장에서 8시간 우린다.

3   유리 찻잔에 차갑게 우린 차를 따른다.

Taiwan Oriental Beauty Oolong Tea

타이완 동방미인 겨울차

Hot/Ice | Straight Tea | Non-Alcohol

풍부한 꽃과 과일, 달콤한 꿀의 풍미가 촘촘하게 입안을 채워주는 타이완 동방미인 겨울차

Profile	Aroma	Taste	Caffeine Level
	꿀, 망고스틴, 용안	은은한 단맛, 여린 신맛	높음

Note

동방미인(東方美人)은 타이완을 대표하는 우롱차로, 원래는 흰 솜털 가득한 어린 잎으로 만든 차리고 히여 백호오룡(白毫烏龙)이리는 이름으로 불렸습니다. 영국의 엘리자베스 2세 여왕이 이 차의 그윽한 풍미에 반해 동양의 아름다움이 깃들었다며 Oriental Beauty라고 칭찬한 이후 동방미인이라는 이름으로 널리 알려졌는데요. 이 차는 중국식 차 우림 도구인 개완을 이용해 우리면 특유의 꿀향을 진하게 느낄 수 있습니다. 시원하게 마실 경우에는 냉침법으로 우리면 과일 풍미가 진하고 단맛이 감도는 차로 즐길 수 있습니다.

Making Time

중국식 브루잉으로 15초, 20초, 30초. 이후 20초씩 시간을 늘려 추출

Cup

중국식 찻잔 또는 유리 찻잔

Tool

`HOT` 다호, 숙우

`ICE` 냉침 다관

Ingredient

`HOT` 동방미인 5g(개완의 1/3), 온수(90도) 1회 우림 시 약 120~150ml씩

`ICE` 동방미인 6g, 정수 500ml

Recipe

Hot Tea

1   다호와 숙우, 찻잔을 예열하고 예열 물은 버린다.

2   다호에 찻잎을 담은 후 온수를 조심스럽게 붓는다.

🍃   중국식으로 추출할 경우 찻잎은 다호의 1/2~1/3 정도만 담아 추출하는 것이 가장 이상적이다.

3   15초 정도 시간이 지난 후 숙우에 차를 옮겨 담는다.

4   찻잔의 예열 물을 버리고 차를 따라서 색과 향, 맛을 음미한다.

5   다호에 거듭 물을 부어가며 짧은 시간 동안 차를 우리는 것을 4~5회
    정도 반복한다.

Ice Tea(냉침)

1   냉침 다관에 찻잎을 담는다.

2   정수를 붓고 뚜껑을 잘 닫아 냉장에서 8시간 우린다.

3   유리 찻잔에 차갑게 우린 차를 붓는다.

India Darjeeling First Flush

인도 다즐링 퍼스트 플러시

Hot/Ice | Straight Tea | Non-Alcohol

풍성한 꽃과 신선한 채소, 달콤한 과일의 풍미가 가득한 인도 다즐링 홍차

Profile	Aroma	Taste	Caffeine Level
	화이트 플라워, 그린빈, 멜론	여린 단맛과 쓴맛	높음

Note

다즐링은 히말라야 산비탈을 따라 다양한 고도에 걸쳐 차밭이 구성되어 있는 곳으로 어디에서 그리고 언제 수확했는지에 따라 풍미가 달라지는 특징이 있습니다. 특히 이른 봄에 가장 향이 진한 여린 잎으로 만든 다즐링 퍼스트 플러시는 가볍고 산뜻한 맛과 복합적인 흰 꽃 향기로 봄날의 티타임에 가장 잘 어울리는 티입니다. 따뜻하게 우리는 것이 가장 본연의 풍미를 즐기기에 가장 좋지만, 시원한 차로 마시면 싱그러운 풀 향기도 함께 만끽할 수 있으니 다양한 방법으로 다즐링을 맛보며 자신의 취향을 찾아보세요.

Making Time

영국식 브루잉 3~5분

Cup

티컵 앤 소서 또는 하이볼 글라스

Tool

HOT 티포트, 서브 티포트
ICE 티포트, 아이스 텅

Ingredient

HOT 다즐링 4g, 온수(90도) 400ml
ICE 다즐링 4g, 온수(90도) 200ml, 얼음 적당량

Recipe

Hot Tea

1   찻잔과 티포트, 서브 티포트를 예열한 후 찻잎을 담는다.

🍃   영국식으로 스트레이트 티를 우릴 때는 가급적 1인당 2~3잔 정도의 분량을 제공하는 것이 가
    장 이상적이다.

2   온수를 빠른 속도로 붓는다.

3   3분 추출이 끝나면 찻잎을 걸러 서브 티포트에 차를 담는다.

4   찻잔의 예열 물을 버리고 서브 티포트와 찻잔을 제공한다.

Ice Tea(칠링)

1   티포트를 예열한 후 찻잎을 담는다.

2   온수를 천천히 붓는다.

3   3분 추출이 끝난 차를 얼음이 가득 담긴 하이볼 글라스에 붓는다.

4   잘 저어서 온도를 내린 후 부족한 얼음을 채운다.

House Blending: Magnolia & Jeju Green Tea

하우스 블렌딩: 목련 꽃차와 제주 녹차

Hot/Ice | Straight Tea | Non-Alcohol

우아하고 짙은 향을 지닌 목련 꽃잎과 청정 제주의 녹차를 블렌딩한 클래식 블렌딩 티

Profile	Aroma	Taste	Caffeine Level
	목련, 익힌 완두콩, 갓 베어낸 풀	은은한 단맛과 감칠맛	중간

Note

제주도 화산 토양에서 자라난 차는 특유의 싱그러움과 미네랄을 지니고 있습니다. 여기에 목련 꽃차를 더하면 우아하고 진한 목련 특유의 풍미가 싱그러운 녹차에 새로운 향기를 더해 단아한 느낌을 주는 목련 녹차가 됩니다. 이 차는 영국식 브루잉 방식을 이용해 우리면 밸런스가 좋으므로 가급적이면 차가 우러나는 과정을 감상할 수 있는 유리 티포트에 영국식으로 따뜻하게 우려 마시는 것을 추천합니다. 시원한 차로 마실 경우에는 차가운 물에 천천히 우려 마시는 냉침법으로 복합적인 꽃과 신선한 풀 향기의 조화를 맛볼 수 있습니다.

Making Time

영국식 브루잉 3~5분

Cup

유리 찻잔

Tool

`HOT` 유리 티포트

`ICE` 냉침 다관

Ingredient

`HOT` 제주 녹차 3g, 목련 꽃차 0.5~1g(꽃잎의 크기에 따라 편차 발생), 온수(80도) 300ml

`ICE` 제주 녹차 3g, 목련 꽃차 0.5~1g(꽃잎의 크기에 따라 편차 발생), 정수 500ml

Recipe

Hot Tea

1   제주 녹차와 목련 꽃잎을 블렌딩해 찻잎을 준비한다.

2   예열한 티포트에 블렌딩한 찻잎을 담는다.

3   한 김 식혀 80도 온도로 맞춘 온수를 티포트 가까운 위치에서 따른다.

4   2분 30초 동안 우린 후 유리 찻잔에 차를 따른다.

🍃   하우스 블렌딩은 영국식으로 추출하는 경우에도 2회까지 우리는 것이 가능하다.

Ice Tea(냉침)

1   냉침 다관에 찻잎을 담는다.

2   정수를 붓고 뚜껑을 닫아 냉장고에서 8시간 차갑게 우린다.

3   준비한 유리 찻잔에 얼음 없이 차갑게 우린 차를 붓는다.

Berry Rooibos Cream Makgeolli

베리 루이보스 크림 막걸리

Ice | Tea Cocktail | Alcohol

라즈베리 풍미의 오설록 <스윗 베리 루이보스>를 진하게 우려 만든 달콤한 크림 막걸리

Profile	Aroma	Taste	Caffeine Level
	라즈베리, 캐러멜, 우드	여린 신맛, 분명한 단맛	낮음

Note

남아프리카공화국의 덤불과 식물인 루이보스는 강력한 항산화 효과와 더불어 진하고 풍부한 맛을 지녀 세계적으로 사랑받는 재료입니다. 레드 루이보스에 라즈베리를 블렌딩한 오설록의 <스윗 베리 루이보스>를 팔팔 끓여 진한 풍미의 티 추출물을 만든 후 막걸리와 혼합하면 상큼하고 가벼운 맛을 즐길 수 있습니다. 여기에 부드러운 우유 크림을 더하면 고소한 맛으로 시작해 상큼 달콤하고 청량한 저알코올 전통주 티 칵테일을 만들 수 있습니다.

Making Time

음료 메이킹 2분

Cup

하이볼 글라스

Tool

편수냄비, 시럽 보틀, 계량컵, 볼, 핸드믹서, 바 스푼, 크림 스푼, 스패출러, 지거, 아이스 텅

Ingredient

티 베이스(약 4잔 분량) 오설록 <스윗 베리 루이보스> 티백 4개, 온수(95도) 200ml, 설탕 25g

우유 크림 생크림 100ml, 우유 10ml, 설탕 10g

음료 메이킹 티 베이스 60ml, 지평막걸리 150ml, 우유 크림 30g, 냉동 라즈베리 적당량, 얼음 적당량

Recipe

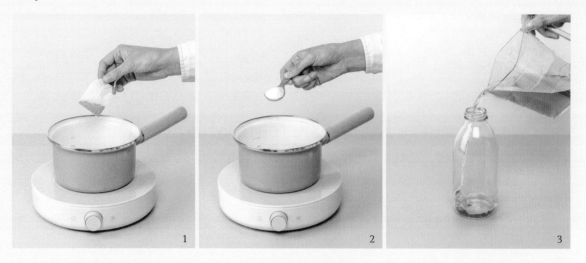

티 베이스

1 냄비에 오설록의 〈스윗 베리 루이보스〉 티백과 온수를 붓고 6분간 약 불에서 끓인다.

2 티백을 건져내고 설탕을 넣은 후 완전히 녹을 때까지 약 1~2분간 끓인다.

허브티 추출물을 만들 때 티백은 건져내기 전에 꾹 눌러서 추출 강도를 높여줄수록 풍부한 맛의 결과물을 만날 수 있다.

3 설탕을 모두 녹인 후 시럽 보틀에 옮겨 담고 실온에서 충분히 식힌 다음 냉장 보관한다.

우유 크림

1 볼에 생크림과 우유를 붓는다.

2 1에 설탕을 넣는다.

3 핸드믹서로 크림의 부피가 2배가량 늘어나고 60% 수준으로 단단해져 살짝 흘러내리기 직전의 질감이 되면 휘핑을 멈추고 보관 용기에 담아 냉장 보관한다(냉장에서 24시간 내 사용).

음료 메이킹

1   글라스에 얼음을 가득 담은 후 티 베이스를 계량해 붓는다.

2   막걸리를 넣는다.

3   2에 우유 크림을 올린다.

4   우유 크림 위에 냉동 라즈베리를 올려 마무리한다.

TEA Master's TIP

진한 풍미의 티 추출물은 제조 당일 사용하는 것보다는 최소 하루 정도 냉장 숙성한 후 사용
하면 더욱 안정적인 맛과 향을 즐길 수 있습니다.

Jasmine White Milk Tea

재스민 화이트 밀크티

Ice | Milk Tea | Non-Alcohol

풍성한 재스민 향이 매력적인 시원하고 깔끔한 아이스 밀크티

Profile	Aroma	Taste	Caffeine Level
	재스민, 바닐라, 우유	부드러운 단맛, 여린 쓴맛	낮음

Note 중국 남부 지역은 따뜻한 기후 덕분에 재스민의 주요 재배지입니다. 이곳에서는 찻잎을 따서 말린 다음 재스민 꽃을 찻잎 사이에 겹겹이 쌓아서 향기가 스며들게 만드는 과정을 여러 번 반복해 자연스러운 꽃향기의 재스민 티를 만들어왔습니다. 이번에는 풍부한 꽃향기와 깔끔한 맛을 지닌 재스민 백차에 약간의 바닐라 시럽을 더해서 밀크티를 만들어 봅니다. 봄날의 산책길에 곁들여도 좋을 청량한 밀크티가 될 거예요.

Making Time 음료 메이킹 4분

Cup 하이볼 글라스

Tool 계량컵, 스트레이너, 바 스푼, 밀크 포머, 지거, 크림 스푼, 아이스 텅

Ingredient 재스민 백차 4g, 온수(90도) 100ml, 바닐라 시럽 20ml, 우유 150ml, 얼음 적당량

1 계량컵에 재스민 백차를 넣고 온수를 부어 3분간 추출한다.

🍃 밀크티로 만들기 위해서는 백차를 90도의 뜨거운 물에 우려야 한다.

2 차가 우러나는 동안 글라스에 바닐라 시럽을 담는다.

3 다 우러난 차에 얼음을 1~2개 넣어 쿨링한다.

4 글라스에 차를 붓고 시럽과 잘 혼합한 후 얼음을 채운다.

5 밀크 포머에 차가운 우유 50ml를 넣고 거품을 만든다.

6 4에 우유 100ml를 붓고 5의 우유 거품을 올린다.

7 찻잎을 우유 거품 위에 길게 올려 장식하고 마무리한다.

TEA Master's TIP

백차는 끓이면 섬세한 향이 사라질 수 있습니다. 가급적 로열 밀크티 방식보다는 우리는 방식을 사용하는 것이 좋습니다. 이번 레시피는 같은 양의 찻잎과 물로 추출 방식을 냉침으로 변경해 활용하면 보다 빠르게 음료를 만들 수 있습니다.

Tieguanyin Gimlet

철관음 김렛

Ice | Tea Cocktail | Alcohol

청아한 꽃향기가 가득한 철관음을 인퓨징한 진 베이스의 클래식 칵테일

Profile	Aroma	Taste	Caffeine Level
	난꽃, 라임, 주니퍼베리	분명한 신맛, 여린 단맛	낮음

Note
중국 푸젠성 안계현에서 재배하는 안계 철관음은 중국에서 가장 인기 있는 우롱차입니다. 농익은 과일 향에 고소한 곡물 향이 진한 농향과 흰 꽃 또는 청량한 풀 향기가 나는 청향 타입이 있는데, 이번에는 봄에 어울리는 상쾌한 풍미의 청향 안계 철관음 우롱차를 사용합니다. 청향 안계 철관음 차를 술에 냉침해서 만들게 될 이번 음료는 드라이 진과 라임을 사용하는 클래식 칵테일 김렛(진 베이스의 칵테일)의 강렬한 풍미에 산뜻한 우롱차를 더해 상쾌한 신맛 뒤로 은은한 난꽃과 라임의 여운이 남는 티 칵테일로 만들어 봅니다.

Making Time
음료 메이킹 3분

Cup
칵테일 글라스(마티니 글라스)

Tool
계량컵, 냉침 보틀, 스트레이너, 셰이커, 바 스푼, 핀셋, 지거, 스퀴저, 아이스 텅

Ingredient
스피릿 인퓨징(약 2잔 분량) 안계 철관음 4g, 런던 드라이 진 150ml
음료 메이킹 우롱 진 45ml(1.5온스), 설탕 1티스푼, 라임 1/2개, 라임 슬라이스 1개, 얼음 적당량

Recipe

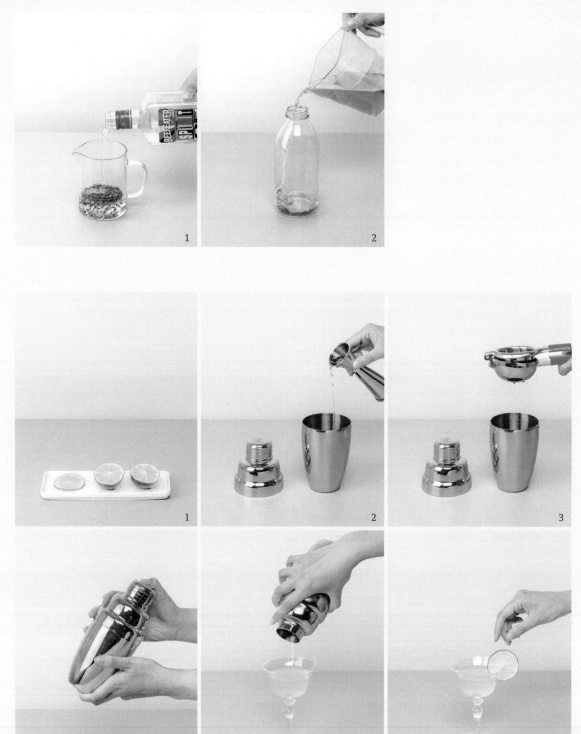

스피릿 인퓨징(우롱 진)

1   계량컵에 런던 드라이 진과 안계 철관음 찻잎을 넣고 실온에서 1시간
     30분~2시간 동안 냉침한다.

     스피릿 인퓨징 후 찻잎을 제거할 때 꾹 눌러서 짜게 되면 쓰고 떫은맛이 과하게 추출될 수 있으
     니 주의해야 한다.

2   찻잎을 제거하고 냉침 보틀에 담아 라벨링 후 냉장 보관한다(냉장 보관
     시 2~3주 사용 가능).

음료 메이킹

1   라임을 원형으로 슬라이스한 후 나머지는 착즙할 용도로 둔다.
2   얼음을 담은 셰이커에 스피릿 인퓨징한 우롱 진과 설탕을 넣는다.
3   1에서 사용하고 남은 라임을 착즙해 라임 주스 15ml(0.5온스)를 2에 담
     는다.
4   3을 셰이킹한다.
5   잔에 혼합한 음료를 담는다(사용할 잔은 미리 얼음으로 차갑게 칠링한다).
6   라임 슬라이스를 잔 가장자리에 장식하고 마무리한다.

TEA Master's TIP

스피릿 인퓨징(Spirits Infusing)은 럼, 보드카, 위스키, 테킬라, 소주와 같은 주류에 찻잎을 담고
천천히 낮은 온도에서 냉침하여 우리는 것을 의미합니다. 차를 상온에서 스피릿 인퓨징할
때는 시간 조절이 중요합니다. 추출 시간이 2시간을 넘지 않도록 주의해야 합니다.

Cherryblossom White Tea Ade

벚꽃 화이트 티 에이드

Ice | Ade | Non-Alcohol

이른 봄에 돋아난 찻잎으로 만든 백차와 활짝 피어난 벚꽃을 담은 티 에이드

Profile	Aroma	Taste	Caffeine Level
	벚꽃, 레몬, 화이트 플라워	여린 신맛, 은은한 단맛	낮음

Note

이른 봄에 돋아서 솜털이 보송하게 덮여 있는 새싹과 어린 찻잎으로 만든 백차는 섬세한 흰 꽃과 참외, 갓 베어낸 풀 향기가 복합적으로 어우러지는 은은한 풍미의 차입니다. 이번 음료는 백모단 백차를 진하게 우려 급랭법으로 얼음에 바로 식혀준 후, 탄산 주입기를 이용해 섬세한 풍미가 돋보이는 백차 탄산수를 만들어 줍니다. 여기에 봄의 정취를 담은 벚꽃 코디얼을 더해 화사한 무드의 에이드로 완성해 봅니다.

Making Time

음료 메이킹 4분

Cup

하이볼 글라스

Tool

티포트, 계량컵, 바 스푼, 유리 시럽 저그, 탄산 주입기, 스트레이너, 아이스 텅

Ingredient

백모단 5g, 온수(80도) 150ml, 벚꽃 코디얼 35ml, 타임 1줄기, 얼음 적당량

Recipe

1   티포트를 예열하고 백모단을 계량해 담는다.

2   한 김 식힌 온수를 계량해 티포트에 부어 3분간 추출한다.

✑   백차는 가급적 낮은 온도에서 추출해야 쓰고 떫은맛이 덜하므로 물 온도를 70~80도 사이로
    내려야 한다.

3   차가 우러나는 동안 글라스에 얼음을 80%가량 담고 벚꽃 코디얼을 계
    량해 넣는다.

4   계량컵에 얼음을 4~5개가량 담고 우린 차를 부어 식힌다.

5   충분히 식힌 4의 차를 탄산 주입기에 넣어 탄산을 주입한다.

6   글라스에 채운 얼음을 활용해 잔 벽면에 타임 1줄기를 사선 방향으로
    길게 장식한다.

7   5에서 제조한 탄산수를 글라스에 80%가량(약 190ml) 채워 마무리한다.

TEA Master's TIP

차를 얼음에 급랭한 후 탄산 주입기를 이용해 차 탄산수를 만들 경우, 가급적이면 폴리페놀
함량이 높지 않은 백차와 녹차를 사용하는 것이 좋습니다. 홍차를 사용할 경우 일부 지역의
차류는 강한 떫은맛과 산미를 가지게 되어 음용하기 부담스러울 수 있습니다.

Oriental Beauty Ice cream Soda

동방미인 아이스크림 소다

Ice | Cream Tea | Non-Alcohol

풍부한 맛의 동방미인 우롱차 탄산수와 달콤한 바닐라 아이스크림을 더한 부드러운 티 소다

Profile	Aroma	Taste	Caffeine Level
	바닐라, 꿀, 우드	단맛, 여린 쓴맛	중간

Note 타이완 북부 지역의 우롱차 동방미인은 높은 산화도와 풍부한 맛을 지녀 강하게 추출할 경우 특유의 꿀과 같은 향이 진해지는데, 특히 생크림, 바닐라와의 조화가 좋습니다. 오랫동안 입안에 남는 부드러운 풍미가 탄산의 청량함과 만나 부드럽고 깔끔하게 즐길 수 있는 아이스크림 플로트 티 소다를 만들어 봅니다.

Making Time 음료 메이킹 4~5분

Cup 올드패션드 글라스

Tool 계량컵, 스트레이너, 탄산 주입기, 바 스푼, 핀셋, 아이스크림 스쿱, 시럽 저그, 아이스 텅

Ingredient 동방미인 3.5g, 온수(90도) 100ml, 바닐라 시럽 15ml, 바닐라 아이스크림 1스쿱, 바닐라 생크림 1~2테이블스푼, 얼음 적당량, 동방미인 찻잎 약간(가니쉬용)

1   계량컵에 동방미인을 담고 온수를 부어 3분간 추출한다.

2   추출이 완료된 후 계량컵에 얼음을 3~4개 넣고 잘 저어서 차를 식힌다.

3   탄산 주입기에 2의 식힌 차를 붓고 탄산을 충분히 주입한다.

4   글라스에 바닐라 시럽을 넣는다.

5   3의 동방미인 탄산수를 80ml 정도 넣고 잘 저어준다.

6   얼음을 적당량 넣고 바닐라 아이스크림을 담는다.

7   6 위에 바닐라 생크림을 얹는다.

🍃   바닐라 생크림은 생크림 2테이블스푼에 바닐라 시럽 5ml를 섞어서 만든다.

8   아이스크림 위에 잘게 부순 동방미인 찻잎을 가니쉬로 장식해 마무리
    한다.

TEA Master's TIP

산화도가 높은 차에 탄산을 주입할 때는 가급적 너무 진하게 추출하지 않는 것이 더 맑은 수
색을 보기에 좋습니다. 탄산 주입 후 차 거품이 생겨도 당황하지 말고 큰 거품을 제거한 뒤
필요한 만큼 탄산수를 사용해 주세요.

Lavender Earl Grey Highball

라벤더 얼그레이 하이볼

Ice | Tea Cocktail | Alcohol

베르가모트 풍미가 매력적인 얼그레이에 우아한 라벤더를 더한 위스키 하이볼

Profile	Aroma	Taste	Caffeine Level
	베르가모트, 라벤더, 몰트	여린 신맛, 단맛	중간

Note

베르가모트의 향기가 풍부한 얼그레이는 술에 냉침하여 사용할 경우 섬세한 풍미를 낼 수 있습니다. 늦봄과 여름 사이 허브 가든에서 느껴지는 싱그러움을 담아, 아이리시 위스키에 얼그레이와 라벤더를 넣고 식용 펄 스피어더스트를 더해 일렁이는 봄볕 분위기를 만들어 봅니다. 마지막으로 라벤더 시럽을 블렌딩해 보다 우아한 얼그레이 하이볼을 만들어 보세요.

Making Time

음료 메이킹 3분

Cup

하이볼 글라스

Tool

계량컵, 냉침 보틀, 지거, 스트레이너, 셰이커, 바 스푼, 핀셋, 리밍 접시, 아이스 텅

Ingredient

스피릿 인퓨징(약 3잔 분량) 아이리시 위스키 100ml, 얼그레이 티 2g, 라벤더 티 0.1g, 스피어더스트(식용 펄) 0.1g

음료 메이킹 얼그레이 위스키 30ml(1온스), 라벤더 시럽 20ml, 토닉워터 적당량, 라벤더 티 파우더 약간, 레몬 슬라이스 1개, 애플민트 1줄기, 얼음 적당량

Recipe

스피릿 인퓨징(얼그레이 위스키)

1   계량컵에 아이리시 위스키, 얼그레이 티, 라벤더 티를 넣고 실온에서
    30~40분 동안 냉침한다.
2   스피어더스트를 넣고 잘 저어준다.
3   찻잎을 스트레이너로 걸러서 병입하고 라벨링해 냉장 보관한다(냉장에
    서 2주 보관 가능).

음료 메이킹

1   글라스 입구 가장자리에 레몬 슬라이스 과즙을 문지른다.
2   리밍 접시에 라벤더 티 파우더를 담은 후 글라스 입구 가장자리의 절
    반 정도를 리밍한다.
3   글라스에 얼음을 가득 담고 라벤더 시럽을 넣는다.
4   토닉워터를 잔의 70%가량 채운다.
5   바 스푼을 사용해 위스키를 천천히 부어주며 플로팅한다.
6   레몬 슬라이스와 애플민트로 장식하고 마무리한다.

TEA Master's TIP

차를 스피릿 인퓨징할 때는 물에 인퓨징하는 것보다 더 강한 농도로 추출됩니다. 같은 시간
과 찻잎이어도 맛의 강도가 다를 수 있음에 주의합니다.

Hibiscus Strawberry Cream Tea

히비스커스 스트로베리 크림티

Ice | Cream Tea | Non-Alcohol

상큼한 산미의 히비스커스와 달콤한 딸기의 풍미가 가득한 크림티

Profile	Aroma	Taste	Caffeine Level
	딸기, 히비스커스, 엘더베리	진한 신맛, 단맛	해당 없음

Note
무궁화속 꽃인 히비스커스는 이집트처럼 무더운 지역에서 자라납니다. 다 자라난 꽃의 꽃받침을 채취해 만드는 이 허브티는 진한 붉은 색상과 함께 강한 산미를 지녀 산뜻함이 강조되는 음료에 주로 사용합니다. 새콤한 히비스커스 특유의 풍미에 엘더베리의 향을 더한 아일레스 티의 〈썸머베리〉를 진하게 우려 새콤달콤한 딸기 크림을 더한 크림티를 만들어 봅니다.

Making Time
음료 메이킹 4분

Cup
화이트 와인 글라스

Tool
볼, 핸드믹서, 스패츌러, 스트레이너, 계량컵, 크림 스푼, 바 스푼, 지거, 아이스 텅

Ingredient
■ 딸기 생크림(약 3인분) 생크림 100ml, 우유 50ml, 딸기 퓌레 60g
■ 음료 메이킹 아일레스 티 〈썸머베리〉 티백 2개, 온수(95도) 100ml, 설탕 15g, 딸기 생크림 50g, 애플민트 1줄기, 얼음 적당량

딸기 생크림

1   볼에 생크림과 우유를 넣는다.

2   딸기 퓌레를 계량해 볼에 넣고 핸드믹서로 휘핑한다.

3   크림의 부피가 2배가량 늘어나고 70% 수준으로 단단해져 살짝 흘러내리기 직전의 질감이 되면 휘핑을 멈추고 보관 용기에 담아 냉장 보관한다(냉장에서 24시간 이내 전량 소진).

음료 메이킹

1   계량컵에 아일레스 티 〈썸머베리〉 티백과 온수를 넣고 3분간 추출한다.

2   우린 차에 설탕을 넣고 모두 녹인 후 얼음 4개로 쿨링한다.

3   글라스에 얼음을 60%가량 채운 후 2의 식힌 차를 150ml가량 붓는다.

4   글라스의 가장자리부터 시작해서 안쪽으로 이동하며 딸기 생크림을 올린다.

5   딸기 생크림 위에 애플민트로 장식하여 마무리한다.

TEA Master's TIP

히비스커스와 같이 산성이 강한 차는 유제품의 단백질을 응고시키는 성질이 있습니다. 우유가 들어간 크림을 너무 묽게 만들 경우 우유 덩어리(커드)가 둥둥 떠다니는 비주얼이 될 수 있으니 주의가 필요합니다.

Darjeeling Yuzu Gin Fizz

다즐링 유자 진 피즈

Ice | Tea Cocktail | Alcohol

다즐링 퍼스트 플러시 홍차와 고흥 유자를 더해 상쾌하고 청량한 맛을 즐길 수 있는 진 피즈

Profile	Aroma		Taste	Caffeine Level
	유자, 주니퍼베리, 갓 베어낸 풀		여린 신맛, 단맛	중간

Note
인도 다즐링 지역에서 첫 번째로 수확한 퍼스트 플러시 홍차는 상쾌한 풀 내음과 화이트 플라워, 스타프루트와 같은 맑고 싱그러운 풍미를 지니고 있습니다. 덕분에 탄산이 들어간 산뜻한 칵테일에 잘 어울리는데요. 봄밤에 가볍게 마실 수 있는 상쾌한 롱드링크 칵테일 진 피즈에 다즐링 홍차와 고흥의 유자청을 더해 동양적인 정취도 함께 느낄 수 있는 티 칵테일을 만들어 봅니다.

Making Time
음료 메이킹 2~3분

Cup
하이볼 글라스

Tool
계량컵, 냉침 보틀, 스트레이너, 셰이커, 바 스푼, 핀셋, 지거, 스퀴저, 아이스 텅

Ingredient
스피릿 인퓨징(약 5잔 분량) 런던 드라이 진 250ml, 다즐링 5g
음료 메이킹 다즐링 진 45ml(1.5온스), 유자청 20g, 레몬 1/2개, 레몬 슬라이스 1개, 레몬 휠 2개, 타임 2줄기, 토닉워터 적당량, 얼음 적당량

1

2

1

2

3

4

5

스피릿 인퓨징(다즐링 진)

1 계량컵에 런던 드라이 진과 다즐링 찻잎을 넣고 실온에서 2시간 냉침
   한다.

2 찻잎을 제거하고 냉침 보틀에 담아 라벨링한 후 냉장 보관한다.

🍃 스피릿 인퓨징 후 찻잎을 제거할 때 꾹 눌러서 짜게 되면 쓰고 떫은맛이 과다 추출되므로 주의
   해야 한다.

음료 메이킹

1 글라스에 레몬 휠을 1개 담고 얼음을 절반가량 채운다. 남은 레몬 휠 1
   개를 사선 반대 방향으로 장식한 다음 얼음을 마저 담는다.

2 얼음을 담은 셰이커에 다즐링 진과 유자청, 레몬 1/2개를 착즙한 레몬
   주스 15ml를 넣는다.

3 2를 셰이킹한다.

4 글라스에 3의 혼합 음료를 붓고 토닉워터를 글라스의 80%까지 채운다.

5 레몬 슬라이스와 타임을 올려 장식한 후 마무리한다.

~
TEA Master's TIP

차를 스피릿 인퓨징할 때 원래의 보틀에 차를 담는 경우 강도 조절이 어렵습니다. 입구가 넓은
별도의 인퓨징 보틀에 찻잎과 술을 담은 후 적정하게 추출된 차를 제거하는 것이 유리합니다.

Mugwort & Pu-erh Cream Tea
어린 쑥 보이 크림티

Hot | Cream Tea | Non-Alcohol

쑥 내음 가득한 시그니처 크림에 진한 보이차를 더해 독특하고 긴 여운을 선사하는 시즌 크림티

Profile			
	Aroma	Taste	Caffeine Level
	쑥, 삼나무, 물에 젖은 흙	산뜻한 쓴맛, 은은한 단맛	보통

Note

인류 최초의 차 나무가 발견된 중국의 남쪽, 윈난성에서는 특유의 큰 키와 큰 잎을 가진 대엽종 차 나무가 자라납니다. 윈난성 대엽종의 찻잎에 미생물 발효 과정을 거쳐 만든 보이숙차는 흙과 가죽의 향이 풍부하고 깔끔한 단맛이 있어 스파이스나 약재류, 허브 풍미를 지닌 재료와 좋은 조합을 이룹니다. 신선한 크림에 쑥을 더해 독특한 풍미의 크림을 만들고, 진하게 우린 보이차에 크림을 더해 봄비를 머금은 흙에서 새로이 돋아나는 허브 느낌이 물씬 풍기는 따뜻한 크림티를 만들어 봅니다.

Making Time

음료 메이킹 5분

Cup

고블릿 글라스

Tool

볼, 핸드믹서, 스패츌러, 티포트, 계량컵, 바 스푼, 크림 스푼, 스트레이너, 지거

Ingredient

`쑥 크림` 생크림 100ml, 우유 30ml, 쑥 파우더 15g, 미숫가루 1g

`음료 메이킹` 보이차 4g, 볶은 현미 1g, 홍차 시럽 15g(69쪽 참조), 쑥 크림 30g, 온수(95도) 200ml, 보이차 파우더 약간, 쑥 잎사귀 약간(생략 가능)

쑥 크림

1   볼에 생크림과 우유를 넣는다.

2   쑥 파우더, 미숫가루도 계량해 넣는다.

3   크림의 부피가 1.5배가량 늘어나고 70% 수준으로 단단해져 살짝 흘러
     내리기 직전의 질감이 되면 휘핑을 멈추고 보관 용기에 담아 냉장 보
     관한다(냉장 보관 후 24시간 이내 사용).

음료 메이킹

1   계량컵에 보이차, 볶은 현미를 넣고 온수를 부어 4분간 추출한다.

2   차가 우러나는 동안 글라스에 홍차 시럽을 세팅한다.

3   우러난 차 150ml가량을 스트레이너로 걸러 글라스에 붓고 바 스푼을
     이용해 시럽과 잘 섞는다.

4   크림 스푼을 이용해 글라스에 쑥 크림을 올린다.

5   크림 위에 보이차 파우더를 뿌리고 제철이라면 쑥 잎사귀를 가니쉬로
     올려 마무리한다.

TEA Master's TIP

보이차 특유의 숙성된 진한 향이 부담스러운 경우에는 볶은 현미를 찻잎과 함께 블렌딩해
우리는 것을 추천합니다. 어려울 것 같던 보이차의 풍미에 고소한 현미 향이 더해져 보다 마
시기 편안하고 익숙한 느낌으로 변하게 됩니다.

Elderflower Mint Cream Soda

엘더플라워 민트 크림 소다

Ice | Cream Tea | Non-Alcohol

시원한 민트와 엘더플라워를 더한 상쾌한 풍미의 크림 소다

Profile	Aroma	Taste	Caffeine Level
	민트, 엘더플라워, 크림	여린 쓴맛, 단맛	해당 없음

Note

민트와 레몬을 블렌딩해 더욱 상쾌한 풍미를 품은 아마드 티의 〈페퍼민트&레몬〉 티백을 진하게 우려 탄산수를 만들어 봅니다. 청량한 풍미의 탄산수에 민트 시럽과 엘더플라워 퓌레를 더하고 신선한 생크림을 올려 마무리하면 북유럽의 어느 카페에서 마셔본 것 같은 이국적인 풍미의 크림 소다가 완성됩니다.

Making Time

음료 메이킹 5분

Cup

하이볼 글라스

Tool

볼, 핸드믹서, 크림 스푼, 스패출러, 계량컵, 셰이커, 바 스푼, 지거, 아이스 텅

Ingredient

`소다용 우유 크림` 생크림 100ml, 우유 20ml, 설탕 10g

`음료 메이킹` 아마드 티 〈페퍼민트&레몬〉 티백 1개, 온수 100ml, 민트 시럽 15g, 엘더플라워 퓌레 40g, 소다용 우유 크림 40g, 애플민트 1줄기, 얼음 적당량

Recipe

소다용 우유 크림

1   볼에 생크림과 우유를 넣는다.

2   1에 설탕을 넣는다.

3   크림의 부피가 1.5배가량 늘어나고 60% 수준으로 단단해져 살짝 흘러 내리기 직전의 질감이 되면 휘핑을 멈추고 보관 용기에 담아 냉장 보관한다(냉장 보관하면서 24시간 이내 사용).

음료 메이킹

1   계량컵에 아마드 티의 〈페퍼민트&레몬〉 티백을 넣고 온수를 부어 3분간 우린다.

2   차를 우리는 동안 글라스에 민트 시럽, 엘더플라워 퓌레를 넣어 세팅한다.

3   우러난 차에 얼음을 3~4개(약 50g) 넣어 쿨링한다.

4   3의 식힌 차에 탄산을 주입한 다음 글라스에 얼음을 세팅하고 70%가량 탄산 민트티를 붓는다.

5   4의 음료를 바 스푼으로 잘 섞은 후 음료 위에 소다용 우유 크림을 담는다.

6   애플민트로 장식해 마무리한다.

TEA Master's TIP

민트티는 과하게 추출할 경우 쓴맛이 강해질 수 있으니 5분 이상 추출하지 않습니다.

Magnilia Green Shaken Tea

매그놀리아 그린 세이큰 티

Ice | Tea Ade | Non-Alcohol

우아하고 짙은 향의 목련 꽃 코디얼과 제주 녹차를 담은 시원한 아이스티

Profile	Aroma	Taste	Caffeine Level
	목련, 레몬, 신선한 풀	은근한 단맛, 여린 쓴맛	중간

Note
봄날에 피어나는 꽃과 새싹의 이미지를 담은 한 잔의 아이스티를 샴페인 글라스인 플루트 잔에 담으면 오후의 티타임에 잘 어울리는 우아한 음료가 될 수 있습니다. 하우스 블렌딩으로 만든 목련 꽃과 제주 녹차의 우아하고 싱그러운 풍미를 바탕으로 목련 꽃 코디얼, 레몬 퓌레를 더해 화사한 아이스티를 만들어 봅니다.

Making Time
음료 메이킹 4분

Cup
플루트 글라스

Tool
계량컵, 저울, 스트레이너, 지거, 셰이커, 바 스푼, 아이스 텅

Ingredient
제주 녹차 4g, 목련 꽃차 0.5g, 온수(90도) 120ml, 목련 꽃 코디얼 30g, 레몬 퓌레 1티스푼, 딜 1줄기, 얼음 적당량

1   글라스에 얼음을 담아 칠링한다.

2   계량컵에 제주 녹차와 목련 꽃차를 넣고 온수를 부어 3분간 우린다.

🌿   녹차를 추출할 때 물 온도를 90도로 높여서 차의 쓴맛을 의도적으로 강하게 추출해야 깔끔한
     아이스티가 완성된다.

3   추출이 진행되는 동안 셰이커에 목련 꽃 코디얼과 레몬 퓌레를 넣는다.

4   셰이커에 얼음을 가득 담고 다 우러난 차를 스트레이너로 걸러 붓는다.

5   뜨거운 차를 담은 상태에서 40~50초 동안 셰이킹한다.

6   글라스에 담아 둔 칠링용 얼음을 버리고 5의 혼합 음료를 붓는다.

7   딜을 잔 가장자리에 장식해 마무리한다.

TEA Master's TIP

플루트 글라스에 음료를 낼 때에는 잔을 미리 칠링해 얼음 없이 제공하는 것이 좋습니다.

Genmaicha Milk Tea

겐마이차 밀크티

Hot | Milk | Non-Alcohol

고소하고 깔끔한 맛의 현미 녹차를 진하게 우려 만든 동양풍 밀크티

Profile	Aroma	Taste	Caffeine Level
	볶은 현미, 녹차	은근한 단맛, 고소한 맛	낮음

Note

고소한 볶은 현미를 가득 담은 현미 녹차 티백은 손쉽게 구할 수 있는 재료 중 가장 풍부한 맛을 지니고 있습니다. 진하게 우려서 우유 거품을 얹은 런던 포그 스타일로 활용하면 익숙한 고소함에 따뜻함이 더해져 편안하게 맛볼 수 있는 간편한 밀크티가 완성됩니다. 현미의 구수함에 녹차의 깔끔함으로 마무리하는 익숙한 듯 낯선 밀크티를 만들어 봅니다.

Making Time

음료 메이킹 5분

Cup

머그컵

Tool

계량컵 2개, 바 스푼, 밀크 포머

Ingredient

현미 녹차 티백 4개, 온수(95도) 150ml, 우유 200ml, 연유 20g, 말차 1g, 볶은 현미 1g

Recipe

1

2

3

4

4-1

5

6

7

1   현미 녹차 티백을 계량컵에 넣고 온수를 부어 3분간 추출한다.

🍃 현미 녹차는 우린 후 티백을 살짝 눌러서 스퀴즈한 다음 제거한다.

2   차를 우리는 동안 우유를 전자레인지에 따끈하게 데운다(1분 30초~2분).

3   밀크 포머에 우유 100ml를 담고 거품을 생성한다.

4   컵에 연유와 말차를 넣고 섞어서 풀어준다.

5   다 우린 차를 부어 연유가 모두 녹을 때까지 섞는다.

6   데운 우유를 먼저 붓고 3의 우유 거품을 올린다.

7   소량의 볶은 현미를 가니쉬로 올려 마무리한다.

TEA Master's TIP

밀크티를 만들 때 맛을 풍부하게 하기 위해서는 홀리프 등급의 온전한 찻잎보다는 브로큰 등급의 다소 부서진 찻잎을 사용하는 것이 더욱 좋습니다.

Gui Fei Oolong Margarita

귀비우롱 마가리타

Ice | Tea Cocktail | Alcohol

꿀과 과일의 향기가 가득한 우롱차에 테킬라와 트리플 섹, 라임을 더한 클래식 칵테일

Profile	Aroma	Taste	Caffeine Level
	꿀, 오렌지, 라임	짠맛, 신맛, 여린 단맛	중간

Note
타이완에서 생산되는 귀비우롱은 용안꿀과 같은 진한 꽃 내음과 꿀 향기를 지니고 있습니다. 테킬라에 우롱차를 냉침하여 가장 좋은 향을 낼 수 있는 방법을 찾고, 트리플 섹과 라임즙을 더해 싱그러운 느낌으로 마무리합니다. 잔의 전체보다는 절반 정도를 소금으로 리밍해 취향껏 음료를 즐길 수 있도록 만들어 봅니다.

Making Time
음료 메이킹 3분

Cup
마가리타 글라스

Tool
계량컵, 냉침 보틀, 스트레이너, 셰이커, 바 스푼, 리밍 접시, 지거, 스퀴저, 아이스 텅

Ingredient
스피릿 인퓨징(약 4잔 분량) 귀비우롱 4g, 테킬라 200ml
음료 메이킹 귀비우롱 테킬라 45ml(1.5온스), 트리플 섹 15ml(0.5온스), 라임 1/2개, 라임 휠 1개, 소금 약간, 얼음 적당량

Recipe

152

스피릿 인퓨징(귀비우롱 테킬라)

1   계량컵에 테킬라와 찻잎을 담고 바 스푼으로 잘 저어준 다음 실온에서
    30~40분 동안 냉침한다.
2   충분히 추출된 테킬라는 냉침 보틀에 담아 라벨링 후 냉장 보관한다.

음료 메이킹

1   신선한 라임을 반으로 잘라 휠 하나를 만든다.
2   글라스의 입구 가장자리 부분 절반을 라임으로 살짝 문지른다.
3   리밍 접시에 소금을 담아 글라스 입구 가장자리에 절반 정도를 리밍
    한다.
4   셰이커에 귀비우롱 테킬라, 트리플 섹을 담고 스퀴저로 라임 1/2개를
    착즙해 라임즙(약 15ml)을 넣는다.
5   4가 잘 혼합될 수 있도록 20~30초간 셰이킹한다.
6   셰이킹한 음료를 글라스에 붓고 라임 휠로 장식해 마무리한다.

TEA Master's TIP

테킬라에 차를 냉침할 때는 가급적이면 무거운 연기 향이 있는 차보다는 과일과 꽃의 향이
풍부한 차를 사용하는 것이 좋습니다. 테킬라 특유의 풍미에 너무 무거운 향을 더하면 차의
향이 잘 드러나기 어렵고 난해해질 수 있습니다.

Strawberry Tea Café au lait

스트로베리 티 카페오레

Ice | Milk Tea | Non-Alcohol

스트로베리 풍미의 히비스커스 티에 부드러운 콜드브루 커피를 더한 상큼한 타입의 카페오레

Profile	Aroma	Taste	Caffeine Level
	딸기, 바닐라, 커피	여린 신맛, 단맛	중간

Note 런던프룻앤허브의 〈스트로베리&바닐라〉 티는 히비스커스의 새콤함에 딸기와 바닐라의 달콤한 풍미가 조화롭게 어우러져 아이스 음료로 활용하기 좋습니다. 이런 히비스커스 베이스의 티에 콜드브루 커피를 더하면 의외로 상큼하고 밸런스가 잘 맞는 조합이 됩니다. 스트레이트로 즐겨도 좋지만 우유를 더해 편안하고 상쾌하게 맛볼 수 있는 카페오레를 만들어 봅니다.

Making Time 음료 메이킹 4~5분

Cup 올드패션드 글라스

Tool 계량컵, 바 스푼, 크림 스푼, 아이스 텅, 지거

Ingredient 런던프룻앤허브 〈스트로베리&바닐라〉 티백 1개, 온수(95도) 50ml, 설탕 2티스푼, 콜드브루 커피 30~40ml, 우유 100ml, 딸기 1개, 얼음 적당량

1 계량컵에 런던프룻앤허브의 〈스트로베리&바닐라〉 티백을 넣고 온수를 부어 3분간 추출한다.

2 추출이 끝난 차에 설탕을 넣고 녹인 후 얼음 1~2개로 쿨링한다.

3 글라스에 얼음을 70%가량 담고 식힌 차 80~90ml를 붓는다.

4 스푼을 이용해 음료에 층이 생길 수 있도록 천천히 우유를 붓는다.

5 4에 콜드브루 커피(진한 풍미를 원할 경우 40ml 이상)를 넣는다.

6 딸기 끝부분에 일자로 0.5mm가량 칼집을 낸 다음 글라스 가장자리에 꽂아 장식하고 마무리한다.

TEA Master's TIP

히비스커스 티를 진하게 우린 후 유제품과 혼합할 경우에는 허브가 가진 산도가 높아 우유가 뭉치면서 커드가 발생할 수 있습니다. 가급적 낮은 온도로 충분히 쿨링하고 약간의 당류를 첨가하면 뭉침 현상을 억제할 수 있습니다.

Matcha Moroccan Mint Tea

말차 모로칸 민트티

Hot | Toddy | Non-Alcohol

전통적인 모로칸 민트티에 말차를 더해 진하고 상쾌한 풍미의 녹차 음료

Profile	Aroma	Taste	Caffeine Level
	민트, 신선한 야채, 각설탕	여린 쓴맛, 단맛	중간

Note

아프리카 북부 모로코에서는 아라비아 상인이 실크로드를 통해 전해준 중국 저장성의 건파우더 녹차를 마십니다. 녹차를 진하게 우리고 설탕을 섞은 후 신선한 민트를 더해 만드는 모로칸 민트티는 달콤 쌉쌀하면서도 싱그러운 풍미가 있어 기름진 음식 섭취 후 입가심을 하기 좋습니다. 이번에는 중국 녹차 대신 한국 녹차 중작을 사용해서 스피아 민트와 함께 블렌딩해 새로운 버전의 모로칸 민트티를 만들어 봅니다. 말차를 살짝 더해서 풍성한 녹차의 맛을 내고, 프레시 민트 허브까지 담아 이국적인 느낌이 물씬 풍기는 음료를 만들어 봅니다.

Making Time 음료 메이킹 3분

Cup 모로코 전통 잔 또는 텀블러 글라스

Tool 티포트, 스트레이너, 바 스푼

Ingredient 중작 녹차 2g, 말차 0.5g, 스피아 민트 허브티 1g, 온수(80도) 200ml, 설탕 2~3 티스푼, 애플민트 4~6줄기

Recipe

1   티포트에 중작 녹차와 스피아 민트 허브티, 말차를 각각 계량해 넣고
온수를 부어 3분간 추출한다.

2   차를 우리는 동안 잔에 설탕을 넣는다.

3   우린 차를 스트레이너로 걸러 잔에 붓고 설탕이 녹을 수 있도록 잘 섞
어 준다.

🍃 스트레이너는 반드시 이중망 스트레이너를 사용해야 한다.

4   애플민트로 장식해 마무리한다.

TEA Master's TIP

녹차를 우릴 때 말차를 함께 담아 우리면 더욱 진한 풍미의 녹차를 맛볼 수 있습니다. 다만
수색(차의 색깔)이 녹색을 띠며 탁도가 발생할 수 있기 때문에 색이 진해도 괜찮은 음료에서
활용하는 것이 좋습니다.

Camellia Plum Tea Smoothie
동백 자두 티 스무디

Ice | Smoothie | Non-Alcohol

동백꽃이 가득한 한국 홍차 블렌딩에 새콤한 자두를 더한 티 스무디

Profile	Aroma	Taste	Caffeine Level
	동백, 자두, 파인애플	여린 신맛, 단맛	중간

Note 풍성한 동백꽃과 달콤한 파인애플 향이 더해진 오설록의 블렌딩 티 〈동백꽃이 피는 곳자왈〉은 복숭아나 자두, 앵두 같은 핵과류의 과일과 혼합하기 좋은 차입니다. 화사한 향을 지닌 티에 새콤한 풍미가 있는 자두 베이스를 더하면 동백이 가진 우아한 매력이 보다 산뜻하고 달콤하게 느껴질 수 있습니다. 쉽고 간단하지만 풍미가 강한 한 잔의 스무디를 만들어 봅니다.

Making Time 음료 메이킹 8분

Cup 콜린스 글라스

Tool 계량컵, 저울, 블렌더, 바 스푼, 아이스 텅

Ingredient 오설록 〈동백꽃이 피는 곳자왈〉 티백 4개, 온수(95도) 80ml, 자두 베이스 90g, 냉동 자두 웨지 1개, 타임 2줄기, 얼음 250g

Recipe

1 계량컵에 오설록의 〈동백꽃이 피는 곶자왈〉 티백을 넣고 온수를 부어 4분간 추출한다.

🍃 티백을 적은 양의 온수로 우릴 땐 좁고 긴 우림 도구를 사용하는 것이 추출에 유리하다.

2 추출이 진행되는 동안 블렌더에 자두 베이스를 담는다.

3 추출이 끝나면 티백을 제거하고 얼음 2개를 넣어 쿨링한다.

4 블렌더에 쿨링한 차를 모두 붓는다.

5 4에 얼음 250g가량을 넣는다.

6 뭉친 얼음이 없도록 20~40초가량(블렌더의 사양에 맞게) 충분히 블렌딩한다.

7 바 스푼을 이용해 잘 혼합한 스무디를 글라스에 담는다.

8 타임과 냉동 자두 웨지로 장식하여 마무리한다.

Vanilla Earl Grey Cream Milk Tea

바닐라 얼그레이 크림 밀크티

Ice | Cream Tea | Non-Alcohol

마다가스카르산 바닐라빈을 사용한 크림을 듬뿍 올려 더욱 부드러운 얼그레이 밀크티

Profile	Aroma	Taste	Caffeine Level
	바닐라, 크림, 베르가모트	부드럽고 풍성한 단맛, 여린 쓴맛	중간

Note
베르가모트의 싱그러운 향을 지닌 아일레스 티의 〈얼그레이〉를 진하게 우리면 영국식 밀크티로 활용하기 좋습니다. 특히 바닐라와 블렌딩하면 더욱 부드럽고 풍성한 맛을 낼 수 있는데요. 설탕 대신 바닐라 시럽을 사용하고, 생크림에 마다가스카르산 바닐라빈을 듬뿍 넣어 시즌 크림을 만들어 우유 거품 대신 올리면 산뜻하고 깔끔한 티 아인슈페너로 즐길 수 있답니다. 이번에는 영국식 밀크티 런던 포그를 응용해 얼그레이 크림 밀크티를 만들어 봅니다.

Making Time
음료 메이킹 5분

Cup
올드패션드 글라스

Tool
볼, 핸드믹서, 계량컵, 바 스푼, 지거, 스트레이너, 크림 스푼, 스패츌러, 아이스 텅

Ingredient
바닐라 크림(약 5-6잔 분량) 생크림 250ml, 우유 15ml, 바닐라 시럽 20ml, 바닐라빈 1/3개
음료 메이킹 아일레스 티 〈얼그레이〉 티백 3개, 온수 100ml, 바닐라 시럽 30ml, 우유 80ml, 바닐라 크림 40g, 얼그레이 가루 약간, 얼음 적당량

바닐라 크림

1   볼에 생크림, 우유, 바닐라 시럽을 넣는다.

2   바닐라빈을 반으로 갈라 빈을 긁어낸 후 볼에 담는다.

3   크림을 부드러운 정도(70%)까지 믹싱한 후 마무리한다(냉장에서 24시간 이내 전량 사용).

🍃   차가운 음료 위에 사용할 크림을 너무 단단하게 만들 경우 음료와 잘 혼합되지 않을 수 있으니 부드러운 정도로만 믹싱한다.

음료 메이킹

1   계량컵에 아일레스 티의 〈얼그레이〉 티백을 넣고 온수를 부어 5분간 진하게 추출한다.

2   차가 우러나는 동안 글라스에 바닐라 시럽을 담는다.

3   추출이 끝난 차에 얼음 2개를 넣고 충분히 식힌다.

4   글라스에 얼음 6개를 넣은 후 우린 차와 우유를 붓고 바 스푼으로 잘 저어준다.

5   미리 준비한 바닐라 크림을 올린다.

6   가니쉬용 얼그레이 가루를 생크림 위에 뿌린 후 마무리한다.

TEA Master's TIP

음료용 생크림 제조 시 바닐라빈을 사용할 경우에는 설탕보다는 바닐라 시럽을 이용해 당도를 맞춰주면 더욱 풍성하고 입체적인 풍미를 낼 수 있습니다.

Hallabong Garden Ice Tea

한라봉 가든 아이스티

Ice | Ice Tea | Non-Alcohol

플로럴한 웨딩 그린티에 한라봉을 더해 정원의 상쾌함을 담은 아이스티

Profile	Aroma	Taste	Caffeine Level
	부케, 한라봉, 신선한 풀	은근한 단맛, 여린 신맛과 쓴맛	낮음

Note   우아하고 풍부한 꽃향기를 지닌 오설록의 〈웨딩 그린티〉는 특유의 화사한 향기 덕분에 과일과 혼합하기 좋은 재료입니다. 특히 열대과일 또는 시트러스 계열의 과일과 잘 어울리는데 녹차의 싱그러움을 활용하려면 한라봉처럼 같은 제주의 시트러스를 활용한 베리에이션이 좋습니다. 이번에는 탄산 없이 부드럽고 달콤하게 마실 수 있는 아이스티를 만들어 봅니다.

Making Time   음료 메이킹 4분

Cup   스템 비어 글라스

Tool   계량컵, 지거, 바 스푼, 아이스 텅

Ingredient   오설록 〈웨딩 그린티〉 티백 1개, 온수(90도) 100ml, 한라봉 퓌레 60g, 오렌지 주스 10ml, 오렌지 슬라이스 1개, 오렌지 휠 1개, 얼음 적당량, 애플민트 1줄기

1   계량컵에 오설록의 〈웨딩 그린티〉 티백을 넣고 온수를 부어 3분간 추출한다.

     🍃 녹차를 베리에이션용으로 우릴 때는 물 온도를 다소 높게(90도) 설정한다.

2   차가 우러나는 동안 글라스에 한라봉 퓌레와 오렌지 주스를 담는다.

3   계량컵에서 티백을 제거하고, 추출한 차에 얼음을 3개가량 넣어 쿨링한다.

4   글라스에 얼음을 가득 담고 오렌지 슬라이스를 글라스 벽면에 배치한 다음 3의 쿨링한 차를 붓는다.

5   애플민트와 오렌지 슬라이스로 장식해 마무리한다.

~

TEA Master's TIP

향기가 풍부한 가향차를 사용할 경우 적은 노력으로도 충분히 풍성한 느낌의 베리에이션 티를 만들 수 있습니다. 이때 너무 복잡한 재료의 선택은 오히려 향이 상충되는 결과를 가져올 수 있으니 가급적 재료의 수를 간단하게 하는 것이 좋습니다.

Rose White Milk Tea

로즈 화이트 밀크티

Hot | Milk Tea | Non-Alcohol

깔끔하고 우아한 백차에 화려한 장미를 더해 선선한 봄날에 어울리는 따뜻한 밀크티

Profile	Aroma	Taste	Caffeine Level
	장미, 참외, 우유	은근한 단맛, 여린 쓴맛	낮음

Note

중국 푸젠성에서 생산한 백모단은 우아하고 섬세한 풍미를 지니고 있습니다. 싱그러운 향기와 맑고 부드러운 맛은 꽃향기가 풍부한 재료와 함께 매칭했을 때 더욱 복합적이고 청초한 느낌을 낼 수 있습니다. 이번에는 백모단 찻잎을 진하게 우리고 모닌의 로즈 시럽과 리치 시럽, 로즈페탈 가니쉬를 더해 간단하지만 화사한 풍미의 영국식 밀크티를 만들어 봅니다.

Making Time

음료 메이킹 4분

Cup

화이트 와인 글라스(내열)

Tool

계량컵 2개, 스트레이너, 지거, 밀크 포머, 바 스푼

Ingredient

백모단 5g, 온수(90도) 150ml, 로즈 시럽 25ml, 리치 시럽 5ml, 우유 150ml, 로즈페탈 약간

Recipe

1   계량컵에 백모단을 넣고 온수를 부어 3분간 추출한다.

2   차가 우러나는 동안 글라스에 로즈 시럽, 리치 시럽을 세팅한다.

3   내열 유리로 만든 계량컵에 우유를 넣고 전자레인지에 돌려 따뜻하게
    데운다.

🍃   백차로 밀크티를 만들 때 저지방 우유나 바리스타 우유보다는 오리지널 우유를 사용해야 보디
    감이 풍성해진다.

4   밀크 포머를 이용해 데운 우유를 포밍하고 뚜껑을 덮은 상태로 잠시
    둔다.

5   추출이 끝난 차를 스트레이너로 걸러 글라스에 담고 바 스푼으로 저어
    준다.

6   4의 포밍한 우유를 올린다.

7   소량의 로즈페탈을 거품 위에 장식해 마무리한다.

TEA Master's TIP

백차는 섬세한 풍미를 지닌 재료로 밀크티로 활용할 때는 가볍고 산뜻한 느낌을 연출하는
방향으로 제조하는 것이 좋습니다. 로열 밀크티 방식으로 끓이게 되면 백차의 섬세한 향은
사라지고, 쓴맛이 도드라져 활용하기 어려우니 가급적이면 우리는 방식으로 활용해야 합니
다. 이때 물 온도는 스트레이트 티를 우릴 때보다 높게 세팅해야 합니다.

Forest Green Tea Lychee Ade

포레스트 그린티 리치 에이드

Ice | Tea Ade | Non-Alcohol

상쾌한 숲의 향을 지닌 그린티와 달콤한 열대과일 리치를 활용한 그린티 에이드

Profile	Aroma	Taste	Caffeine Level
	소나무, 리치, 로즈마리	부드러운 단맛, 약한 신맛	낮음

Note 날씨가 좋은 봄에 숲을 산책하면 나무의 피톤치드 향이 더욱 시원한 느낌을 줍니다. 숲의 싱그러움을 담은 블렌딩 티를 사용해 오이와 함께 리프레시가 되는 음료를 만들면 계절에 어울리는 에이드가 될 수 있습니다. 녹차에 솔향기를 더한 룩아워티의 〈포레스트 그린티〉를 진하게 우려서 티 탄산수를 만들고 리치와 로즈마리, 오이를 더해 신선한 느낌의 음료를 만들어 봅니다.

Making Time 음료 메이킹 2분

Cup 와인 글라스

Tool 계량컵, 탄산 주입기, 바 스푼, 스퀴저, 칵테일 픽, 지거, 칵테일 필러, 아이스 텅

Ingredient 룩아워티 〈포레스트 그린티〉 티백 2개, 온수(80도) 100ml, 리치 베이스 30ml, 설탕 시럽 5ml, 레몬 1/4개, 로즈마리 1줄기, 오이 슬라이스 1개, 얼음 적당량

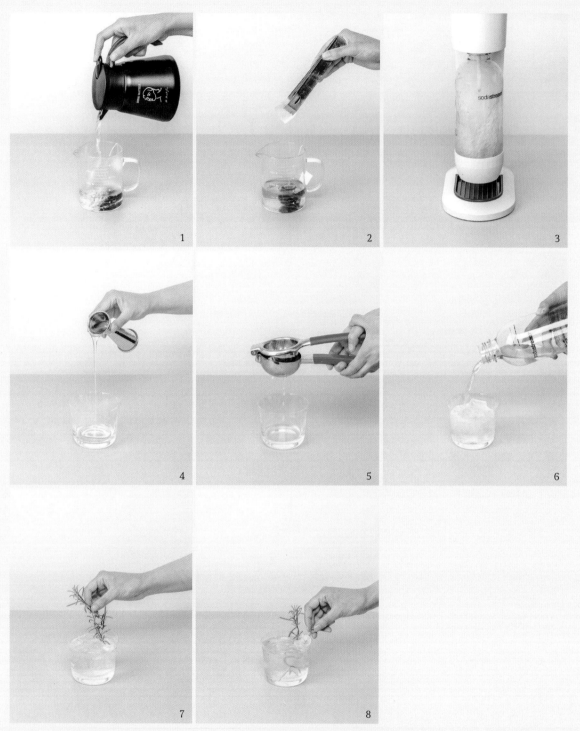

1 계량컵에 〈포레스트 그린티〉 티백을 넣고 온수를 부어 2분간 추출한다.

2 추출한 차에 얼음을 가득 넣고 쿨링한다.

3 탄산 주입기에 차가워진 찻물을 담고 탄산을 주입한다.

4 글라스에 리치 베이스와 설탕 시럽을 세팅한다(취향에 따라 설탕 시럽의 양
   을 가감해도 된다).

5 글라스에 레몬 1/4개를 짜서 레몬즙을 담고 잘 섞는다.

6 얼음을 담은 후 3의 그린티 탄산수를 글라스의 80%까지 채운다.

7 가니쉬로 로즈마리를 장식한다.

8 오이를 칵테일 필러로 길게 자른 후 지그재그로 접어서 픽에 꽂아 장
   식해 마무리한다.

TEA Master's TIP

녹차를 탄산수 용도로 우릴 때는 80도 온수에 2분간 추출하는 것이 가장 조화로운 맛을 낼 수
있습니다. 밀크티를 만들듯이 열탕에 추출하면 떫은맛이 과해질 수 있으니 주의합니다.

TEA
BREWING
FOR THE
FOUR
SEASONS

계절에 어울리는
티 브루잉

여름의 ——————

tea
레시피

한여름의 열기를 식혀줄 시원한 여름의 음료는 과즙이 가득한 과일, 쌉싸름한 말차를 담은 달콤하고 진한 맛의 음료들로 구성되어 있습니다. 여린 잎보다는 다 자란 성숙한 찻잎과 잘게 부서진 찻잎을 진하게 우리거나 끓여서 만들게 되는 이번 레시피는 보다 다양한 도구와 재료를 활용합니다. 과일을 손질하고 새로운 도구를 사용하면서 음료 만드는 기법을 하나씩 배워 봅니다.

Korea Matcha
한국 말차

Hot/Ice | Straight Tea | Non-Alcohol

생생한 녹색 빛과 부드러운 감칠맛, 진한 녹음의 풍미를 가득 담은 순수한 한국 말차

Profile	Aroma	Taste	Caffeine Level
	갓 베어낸 풀, 고소한 곡물, 해조류	은근한 단맛과 감칠맛, 쓴맛	높음

Note

말차는 일정 기간 동안 해를 가려서 차 나무를 재배하고, 찻잎에 감칠맛을 내는 아미노산 성분이 높아졌을 때 수확하여 만든 분말 형태의 녹차입니다. 정통 말차는 다도 예법에 맞춰 차를 준비하지만, 이번에는 간단한 말차 기초 도구를 사용해 누구나 쉽게 격불(擊拂, 말차를 찻사발에 담고 따뜻한 물을 부어 차선으로 저으며 혼합하는 방식)할 수 있는 방법을 소개하고 여름에 어울리는 시원한 말차 만드는 법도 안내합니다. 쌉싸래한 풍미 뒤로 진한 감칠맛이 있어서 단맛이 감도는 부드러운 식감의 티 푸드와 함께 페어링해도 좋습니다.

Making Time

말차 브루잉으로 1~2분 내외로 격불

Cup

다완 또는 마티니 글라스

Tool

HOT 다완(찻사발), 차선, 스트레이너
ICE 다완(찻사발), 차선, 스트레이너, 아이스 텅, 셰이커

Ingredient

HOT 말차 1~2g, 온수(70도) 70~80ml
ICE 말차 1~2g, 온수(70도) 70~80ml, 얼음 적당량

Recipe

Hot Tea

1   다완과 차선에 따뜻한 물을 부어 예열한 후 버리고 다완 내부를 깨끗한 천으로 닦아 물기를 없앤다.

2   말차를 계량해 다완에 바로 담지 않고 스트레이너에 담는다.

🍃   시판 가루 녹차들은 대개 해가림을 하지 않아서 거칠고 쓴맛이 날 수 있다. 반드시 '말차'라고 표기된 제품을 이용해야 한다.

3   2의 말차를 체 쳐서 다완에 담는다.

4   소량의 온수(약 10ml)를 다완에 담아 뭉친 덩어리가 없도록 차선으로 조심스럽게 개어준다.

5   나머지 온수를 다완에 천천히 부은 후 차선으로 가볍고 빠르게 W자를 그리며 반복적으로 저어준다.

6   말차 거품이 도톰하고 고르게 발생할 때까지 약 30초~1분간 빠르게 저어준 후 차선으로 거품을 살짝 정돈하면서 마무리한다.

Recipe

Ice Tea

1   다완과 차선에 따뜻한 물을 부어 예열한 후 버리고 다완 내부를 깨끗한 천으로 닦아 물기를 없앤다.

2   말차를 계량해 다완에 바로 담지 않고 스트레이너에 담아 체 친 후 다완에 담는다.

3   소량의 온수(약 10ml)를 다완에 담아 뭉친 덩어리가 없도록 차선으로 조심스럽게 개어준다.

4   나머지 온수를 다완에 천천히 부어 준 후 차선으로 가볍고 빠르게 W자를 그리며 반복적으로 저어준다.

5   말차 거품이 도톰하고 고르게 발생할 때까지 약 30~40초 빠르게 저어 준 후 차선으로 거품을 살짝 정돈한다.

6   셰이커에 얼음을 세팅하고 격불한 말차를 붓는다.

7   6을 20초간 셰이킹한다.

8   글라스에 셰이킹한 말차를 부어 마무리한다.

TEA Master's TIP

다완에 물을 많이 담을 경우 격불이 어려워집니다. 온수 70~80ml가량만 담은 후 격불해 마셔야 합니다. 격불 과정은 크림 휘핑과 다릅니다. 차선이 다완 바닥에 닿지 않게 주의하면서 저어야 합니다.

China Fujian White Peony Tea
중국 푸젠성 백모단

Hot/Ice | Straight Tea | Non-Alcohol

싱그러운 꽃, 과일의 풍미와 청량감이 가득한 중국 푸젠성 백모단 차

Profile	Aroma		Taste		Caffeine Level
	화이트 플라워, 참외, 백미		분명한 단맛, 감칠맛		낮음

Note

백모단은 중국 남동쪽 해안지방 푸젠성에서 생산되는 차입니다. 차 나무의 새 싹과 어린 잎을 시들리고 건조시켜 만들어내는데, 시들리는 과정을 통해 꽃향기와 과일 향이 생성되어 우아한 풍미를 느낄 수 있습니다. 이 차는 중국식 차 우림 도구인 개완을 이용해 우리면 특유의 과일 향을 진하게 느낄 수 있어서 가급적이면 개완으로 따뜻하게 우려 마시는 것을 추천합니다. 시원한 차로 마실 경우 차가운 물에 천천히 우려 마시는 냉침법으로 마시면 싱그러운 풀 내음을 만끽할 수 있고, 따뜻하게 우려 차가운 얼음에 급랭하면 다채로운 향과 함께 달콤한 맛을 즐길 수 있습니다.

Making Time

중국식 브루잉으로 약 15초, 50초, 50초, 이후 약 15초씩 시간을 늘려 추출

Cup

중국식 찻잔 또는 유리 찻잔

Tool

`HOT` 개완, 숙우
`ICE` 유리 다관, 아이스 텅

Ingredient

`HOT` 백모단 4g(개완의 1/3), 온수(70도) 1회 우림 시 약 150~200ml씩
`ICE` 백모단 5g, 온수(70도) 1회 우림 시 약 150~200ml씩, 얼음 적당량

Recipe

Hot Tea

1 예열한 개완에 찻잎을 담은 후 온수를 천천히 붓는다.

🍃 중국식으로 추출할 경우 찻잎은 사용하는 개완의 1/2~1/3 정도 담아서 추출하는 것이 가장 이상적이다.

2 15초 정도 시간이 지난 후 찻잎을 거르며 숙우에 차를 옮겨 담는다.

3 찻잔의 예열 물을 버리고 차를 따라서 색과 향, 맛을 음미한다.

4 개완에 거듭 물을 부어가며 짧은 시간 동안 차를 우리는 것을 4~5회 정도 반복한다.

Ice Tea(급랭)

1 예열한 유리 다관에 찻잎을 담는다.

2 한 김 식힌 온수를 조심스럽게 붓는다.

3 2분 30초 정도 지난 후 유리 찻잔에 얼음을 가득 담고 뜨겁게 우린 차
를 바로 부어 차갑게 식힌다(부족한 얼음은 다시 유리 찻잔에 채운다).

Taiwan, Lishan High Mountain Oolong
타이완 리산 고산 우롱차

Hot/Ice | Straight Tea | Non-Alcohol

청아한 꽃, 싱그러운 풀잎의 풍미가 오랜 여운을 남기는 깔끔하고 밸런스 좋은 청향 우롱차

Profile	Aroma	Taste	Caffeine Level
	화이트 플라워, 익힌 풋콩, 코코넛	은은한 단맛, 여린 신맛	중간

Note

리산 고산 우롱은 1,600m 이상의 높은 고도에서 자라나는 고랭지 우롱차입니다. 일교차가 큰 곳이다 보니 찻잎이 두껍게 자라나 여러 번 우려 마시기 좋고, 감칠맛과 단맛이 감도는 특징을 가지고 있습니다. 이 차는 중국식 차 우림 도구인 개완을 이용해 따뜻하게 마시면 특유의 청량한 향과 함께 균형 잡힌 감칠맛과 단맛을 느낄 수 있고, 시원하게 마시면 은은한 화이트 플라워의 향과 산뜻한 맛을 감상할 수 있습니다. 아이스티는 콜드브루로 천천히 추출하는 것을 추천합니다.

Making Time

중국식 브루잉으로 15초, 20초, 30초, 이후 20초씩 시간을 늘려 추출

Cup

중국식 찻잔 또는 유리 찻잔

Tool

HOT 다호, 숙우, 스트레이너
ICE 냉침 다관, 아이스 텅

Ingredient

HOT 리산 우롱 4g(개완의 1/3), 온수(80도) 1회 우림 시 약 150~200ml씩
ICE 리산 우롱 5g, 정수 500ml, 얼음 적당량

Recipe

Hot Tea

1   예열한 다호에 찻잎을 담은 후 찻잎이 다호 안에서 충분히 움직일 수
     있도록 온수를 세차게 붓는다.

🍃   중국식으로 추출할 경우 찻잎은 사용하는 다호의 1/2~1/3 정도 담아 추출하는 것이 가장 이상
     적이다.

2   15초 정도 우린 첫 우림 차는 숙우와 찻잔을 예열하는 용도로만 사용
     하고 버린다.

3   다호에 다시 온수를 붓고 차를 우리는데, 2회차부터는 숙우에 찻잎을
     거르며 옮긴 후 찻잔에 따라서 색과 향, 맛을 음미한다.

4   여러 번 거듭하여 차를 우리고 찻잔에 따라서 차를 마신다.

Ice Tea(냉침)

1   다관에 찻잎을 담고 정수를 붓는다.

2   뚜껑을 잘 닫고 냉장고에서 8시간 차갑게 우린다.

3   준비한 유리 찻잔에 차갑게 우린 차를 붓는다.

India Nilgiri Winter Frost Black Tea

인도 닐기리 윈터 프로스트 홍차

Hot/Ice | Straight Tea | Non-Alcohol

상쾌한 시트러스 과일과 우드노트, 열대과일의 풍미가 가득한 인도 닐기리의 홍차

Profile	Aroma	Taste	Caffeine Level
	오렌지, 멜론, 소나무	은은한 신맛, 여린 단맛	높음

Note

인도 남부 지역의 닐기리는 인도말로 '푸른 산'이라는 의미를 가진 산악 지역입니다. 이곳은 계절풍의 영향이 강한 곳이라 개성이 뚜렷한 차가 생산되는 퀄리티 시즌이 있습니다. 차가운 계절풍이 불어오는 12~2월에는 추위에 천천히 성장한 찻잎들이 산뜻한 맛과 복합적인 향기를 지니게 되는데, 이 시기에 수확해서 만든 차를 윈터 프로스트라고 부릅니다. 이 차는 오렌지의 풍미를 지니기도 하는데, 덕분에 여름의 티타임에 가장 잘 어울리는 스트레이트 티이기도 합니다. 뜨겁게 우리고 얼음에 급랭해서 홍차 본연의 맛을 즐기는 것을 추천합니다.

Making Time

브루잉 3분

Cup

티컵 앤 소서 또는 올드패션드 글라스

Tool

HOT 티포트, 스트레이너, 서브 티포트
ICE 티포트, 아이스 텅

Ingredient

HOT 다질링 4g, 온수(90도) 400ml
ICE 다질링 4g, 온수(90도) 150ml, 얼음 적당량

Recipe

Hot Tea

1   찻잔과 티포트, 서브 티포트에 온수를 부어 예열한 후 예열 물을 버리
    고 찻잎을 담는다.

2   팔팔 끓인 온수를 붓는다.

3   3분 추출이 끝나면 찻잎을 걸러 서브 티포트에 차를 담는다(이때 서브 티
    포트의 예열 물은 미리 버려야 한다).

4   찻잔의 예열 물을 버리고 서브 티포트와 찻잔을 제공한다.

🍃 영국식으로 스트레이트 티를 우려 제공할 때는 가급적 1인당 2~3잔 정도의 분량을 제공하는
    것이 가장 이상적이다.

Ice Tea(급랭)

1　티포트에 온수를 부어 예열한 후 예열 물을 버린다.

2　티포트에 계량한 찻잎을 담고 온수를 붓는다.

3　3분 추출이 끝난 차를 얼음 가득 담은 하이볼 글라스에 붓는다. 잘 저어서 온도를 내린 후 부족한 얼음을 채워 마무리한다.

House Blending: Rose Flower & Taiwan Black Tea

하우스 블렌딩: 장미꽃과 타이완 밀향 홍차

Hot/Ice | Straight Tea | Non-Alcohol

화려하고 달콤한 풍미의 장미 꽃잎에 꿀처럼 달콤한 밀향 홍차를 더한 화사한 블렌딩 티

Profile	Aroma	Taste	Caffeine Level
	장미, 꿀, 자두	은은한 단맛과 신맛	높음

Note

타이완의 동쪽 산악 지역 화련에서 만든 홍차는 독특한 산미와 화려한 과일 향을 지니고 있습니다. 이 차에 장미를 더하면 화려한 장미 특유의 풍미가 달콤한 밀향 홍차에 새로운 향을 더해 매우 화사한 조합을 이루게 됩니다. 이 차는 영국식 브루잉 방식을 이용해 우리면 밸런스가 좋으므로 가급적이면 차가 우러나는 과정을 감상할 수 있는 유리 티포트에 따뜻하게 우려 마시는 것을 추천합니다. 시원한 차로 마실 경우에는 차가운 물에 천천히 우려 마시는 냉침법으로 마시면 복합적인 꽃과 달콤한 과일 향의 조화를 맛볼 수 있습니다.

Making Time

유리 티포트에 담아서 영국식 브루잉으로 추출

Cup

유리 찻잔 또는 올드패션드 글라스

Tool

HOT 유리 티포트

ICE 냉침 다관

Ingredient

HOT 밀향 홍차 3g, 장미 꽃잎 0.5g, 온수(90도) 300ml

ICE 밀향 홍차 4g, 장미 꽃잎 0.5g, 정수 500ml

Recipe

Hot Tea

1   밀향 홍차와 장미 꽃잎을 블렌딩해 찻잎을 준비한다.

2   예열한 티포트에 블렌딩한 찻잎을 담는다.

3   90도로 맞춘 온수를 붓는다.

4   3분 동안 우린 후 유리 찻잔에 차를 따라 제공한다.

🍃   하우스 블렌딩은 영국식으로 추출하는 경우에도 2회까지 우리는 것이 가능하다.

Ice Tea(냉침)

1   밀향 홍차와 장미 꽃잎을 블렌딩해 찻잎을 준비한다.

2   냉침 다관에 찻잎을 담고 정수를 부은 후, 뚜껑을 닫고 냉장고에서 8시
     간 차갑게 우린다.

3   준비한 글라스에 얼음 없이 차갑게 우린 차를 붓는다.

Strawberry Mango Tea Smoothie

스트로베리 망고 티 스무디

Ice | Smoothie | Non-Alcohol

열대과일과 딸기의 달콤함에 비타민 가득한 히비스커스를 블렌딩한 트로피컬 스무디

Profile			
	Aroma	Taste	Caffeine Level
	딸기, 망고, 히비스커스	가벼운 단맛, 신맛	해당 없음

Note
무더운 한여름에는 비타민이 풍부한 허브가 활력을 주는 데 도움이 됩니다. 특히 열대과일과 함께 블렌딩하면 산뜻한 여름 음료로 만들 수 있습니다. 비타민 C가 가득한 히비스커스는 붉은 색상이 매력적인 재료인데, 달콤한 맛이 강한 과일에 사용할 경우 산미와 보디감을 더해 줄 수 있습니다. 망고 과육을 함께 갈아 만드는 신선한 과일 스무디에 딸기 퓌레와 런던프룻앤허브의 〈스트로베리〉 티를 더해 풍성한 맛과 향의 티 스무디를 만들어 봅니다.

Making Time
음료 메이킹 4분

Cup
하이볼 글라스

Tool
계량컵, 바 스푼, 저울, 아이스 텅, 블렌더, 짤주머니, 냉침 보틀, 볼, 핸드믹서

Ingredient
`티 베이스(약 1잔 분량)` 런던프룻앤허브 〈스트로베리〉 티백 2개, 온수(95도) 50ml, 설탕 10g, 딸기 퓌레 30g
`우유 크림(약 3잔 분량)` 생크림 200ml, 우유 10ml, 설탕 15g
`음료 메이킹` 냉동 망고 40g, 포모나 망고 베이스 60g, 망고 다이스 6~8개, 타임 1줄기, 얼음 150g, 정수 120ml

Recipe

티 베이스

1   계량컵에 런던프룻앤허브의 〈스트로베리〉 티백을 넣고 온수를 부어 2
     분간 우린다.

2   딸기 퓌레를 넣고 잘 섞어준다.

3   알코올 소독한 냉침 보틀에 담아 라벨링해 보관한다(냉장에서 48시간 동
     안 보관 가능).

우유 크림

1   볼에 생크림과 우유, 설탕을 넣는다.

2   핸드믹서로 크림이 80~90%까지 경화될 수 있도록 믹싱하고 냉장 보관한다(24시간 이내 사용).

◢   생크림은 당일 사용할 만큼만 덜어서 바로 사용할 수 있도록 미리 짤주머니에 담아 보관한다.

음료 메이킹

1 블렌더에 냉동 망고와 망고 베이스를 넣는다.

2 1에 얼음과 정수를 넣는다.

3 30~40초간 블렌딩한다.

4 글라스에 미리 만들어 둔 티 베이스를 1/2만 담는다.

🍃 티 베이스는 사용 전에 반드시 흔들어서 과육이 가라앉지 않도록 해야 한다.

5 블렌딩한 3의 망고 스무디를 1/2만 담는다.

6 남은 티 베이스를 넣는다.

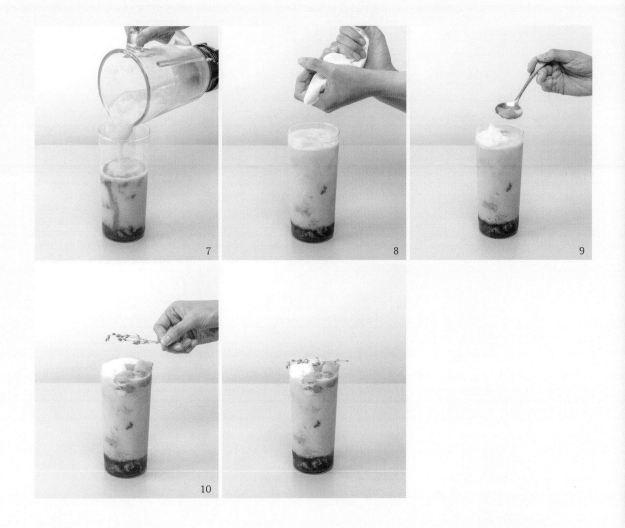

7 나머지 망고 스무디를 붓는다.

8 짤주머니에 담아 둔 생크림을 잔 윗면 상단 우측에 지그재그로 아이싱 한다.

9 잔의 왼쪽 상단에 망고 다이스를 6~8개(50g) 정도 담는다.

10 타임을 올려 마무리한다.

TEA Master's TIP

다이스 형태의 냉동 망고 사용 시 비용 절감과 보관이 용이합니다. 음료에 질감과 모양을 더 해줄 수 있도록 다이스 타입의 망고를 사용해 주세요. 가니쉬용으로 사용할 망고는 당일 사용할 만큼 미리 냉장고에 꺼내 해동된 상태로 사용해야 하는데, 약간의 레몬즙을 첨가해 변색을 방지하는 것이 좋습니다.

Matcha Gin Tonic

말차 진토닉

Ice | Tea Cocktail | Alcohol

짙은 녹음의 풍미를 담은 세레모니얼 등급 말차를 더한 동양적인 무드의 진토닉

Profile	Aroma	Taste	Caffeine Level
	레몬, 주니퍼베리, 망개잎	여린 쓴맛, 강한 감칠맛	높음

Note

해가림 재배(차광재배)한 어린 찻잎으로 정성껏 만든 세레모니얼 등급(최상등급)의 말차는 아미노산 함량이 매우 높아 풍부한 단맛과 감칠맛을 지니고 있습니다. 고소하고 쌉싸래한 녹차 본연의 풍미를 지닌 세레모니얼 말차를 격불한 뒤, 런던 드라이 진과 토닉워터, 레몬 가니쉬를 더해 동양적인 분위기의 진토닉을 만들어 봅니다.

Making Time

음료 메이킹 3~5분

Cup

올드패션드 글라스

Tool

다완, 차선, 셰이커, 지거, 계량컵, 스트레이너, 칵테일 픽, 아이스 텅

Ingredient

세레모니얼 말차 1g, 온수(50~60도) 70ml, 런던 드라이 진 45ml(1.5온스), 설탕시럽 15ml(0.5온스), 토닉워터 적당량, 얼음 적당량, 레몬 슬라이스 1개

Recipe

1   다완에 따뜻한 물을 붓고 예열한 후 예열 물을 버린다.

2   다완에 스트레이너를 거치하고 말차를 스트레이너에 담는다.

🍃   말차를 너무 많이 사용하면 쓴맛이 과해서 음료의 밸런스가 무너질 수 있다.

3   스트레이너로 말차를 체 쳐서 다완에 담는다.

4   차선을 다완 중앙에 세워두고 50~60도의 온수 20ml를 넣고 잘 개어준
     후 50ml를 추가로 붓는다.

5   차선이 다완 바닥에 닿지 않게 주의하며 빠른 속도로 저어 주는 격불
     을 진행한다.

6   셰이커에 얼음을 담고 5의 말차를 붓는다.

7   15~20초간 셰이킹한다.

8   글라스에 신속하게 얼음을 담는다.

9   8에 런던 드라이 진과 설탕 시럽을 넣고 바 스푼으로 잘 혼합한다.

10   글라스에 토닉워터를 140ml가량 붓고 바 스푼으로 살짝 저어준다.

11   셰이커 속의 차가운 말차를 10에 붓는다.

12   칵테일 픽에 꽂은 레몬 슬라이스를 올린 후 마무리한다.

TEA Master's TIP

믹솔로지에 사용할 말차를 격불할 때 너무 높은 온도의 물을 사용하면 쓰고 떫은맛이 도드라져 음료의 전반적인 밸런스를 해칠 수 있습니다.

Chili Double Spice Lemon Ade

칠리 더블 스파이스 레몬에이드

Ice | Tea Ade | Non-Alcohol

상큼한 레몬 블렌딩 티에 신선한 레몬 과즙과 타바스코, 고추를 더해 이국적인 느낌으로 재해석한 레몬에이드

Profile	Aroma	Taste	Caffeine Level
	레몬, 타바스코, 고추	여린 신맛, 분명한 단맛	해당 없음

Note

런던프룻앤허브에서 나온 레몬과 라임 향이 더해진 허브티에 생레몬 과즙을 넣어 레몬에이드를 만들면 차의 풍미 덕분에 더 상쾌한 맛을 느낄 수 있습니다. 여기에 약간의 타바스코 소스와 칠리 가니쉬를 더하면 독특한 스파이스 풍미가 담긴 이국적인 분위기의 레몬에이드가 완성됩니다. 도전적인 음료를 선호하는 사람들을 위한 재미있는 티 에이드를 만들어 봅니다.

Making Time

음료 메이킹 5분

Cup

하이볼 글라스

Tool

계량컵, 아이스 텅, 스퀴저, 가니쉬 집게, 바 스푼, 지거

Ingredient

런던프룻앤허브 〈라임&레몬〉 티백 2개, 온수(95도) 80ml, 타바스코 소스 3~5드롭, 레몬청 30g, 설탕 시럽 20ml, 얼음 적당량, 레몬 휠 1개, 레몬 1/2개, 토닉워터 적당량, 고추 1개(맵지 않은 것), 애플민트 1줄기

Recipe

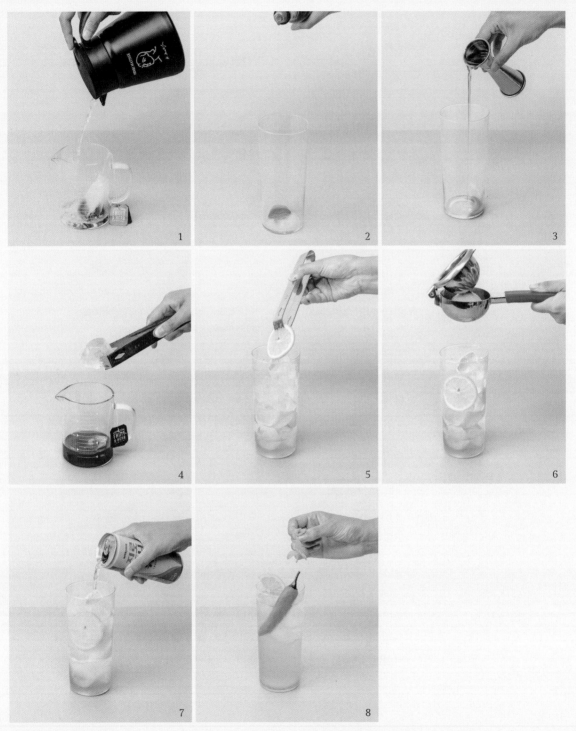

1 계량컵에 런던프룻앤허브의 〈라임&레몬〉 티백을 넣고 온수를 부어 4분간 추출한다.

2 차가 우러나는 동안 글라스에 타바스코 소스를 3~5드롭 흩뿌린다.

3 글라스에 레몬청(또는 퓌레), 설탕 시럽을 넣고 바 스푼으로 잘 섞어준다.

4 우러난 차에 얼음을 1~2개 넣어 쿨링한다.

5 글라스에 얼음을 절반 정도 담고 레몬 휠을 잔의 벽면에 붙여 장식한 후 다시 얼음을 가득 채운다.

6 스퀴저로 레몬을 착즙해 레몬즙(15ml)을 글라스에 담는다.

7 4의 쿨링해 둔 차 60ml와 토닉워터 120ml가량을 글라스에 붓는다.

8 맵지 않은 고추와 애플민트로 장식해 마무리한다.

TEA Master's TIP

칠리 계열을 음료에 사용하면 독특한 풍미와 뜨거운 열감을 제공할 수 있어 종종 시그니처 음료를 제공하는 카페에서 찾아볼 수 있습니다. 알코올과 함께 사용하는 것이 아니라면 가급적이면 너무 매운 청양고추보다는 고추의 향만 줄 수 있는 덜 매운 고추를 가니쉬로 사용하는 것이 밸런스를 맞추기 좋습니다.

Bloody Mary Pepper Black Tea

블러디 메리 페퍼 블랙티

Ice | Tea Cocktail | Alcohol

클래식 블랙티와 블랙 페퍼를 더해 독특한 풍미를 한층 더한 블러디 메리

Profile	Aroma	Taste	Caffeine Level
	토마토, 후추, 셀러리	은근한 신맛과 단맛, 옅은 짠맛, 진한 감칠맛	낮음

Note

토마토 주스와 다양한 소스를 활용해 만드는 세이보리 계열의 클래식 칵테일 블러디 메리는 독특한 풍미로 인해 마니아들의 사랑을 받는 음료입니다. 이에 세계 각지의 음료 개발자들은 레시피를 응용해 베이컨, 칵테일 새우 등의 다양한 가니쉬를 더해 재미있는 버전의 블러디 메리를 만들고 있습니다. 의외로 토마토에는 몰트 풍미가 강한 홍차가 잘 어울리는데, 이번에는 제이슨 티에서 나온 〈아쌈 홍차〉를 이용해 풍부한 몰트의 향기와 홍차의 맛을 더한 티 버전의 블러디 메리를 만들어 봅니다.

Making Time   음료 메이킹 3분

Cup   하이볼 글라스

Tool   계량컵, 지거, 냉침 보틀, 아이스 텅, 바 스푼, 스퀴저, 리밍 접시, 그라인더

Ingredient   ▉ 스피릿 인퓨징(약 2잔 분량) 제이슨 티 〈아쌈 홍차〉 티백 2개, 보드카 100ml
▉ 음료 메이킹 아쌈 보드카 45ml(1.5온스), 우스터 소스 1티스푼, 타바스코 소스 3~4드롭, 후추 약간, 소금 약간, 토마토 주스 적당량(약 150ml), 레몬 1/2개, 셀러리 1줄기, 레몬 슬라이스 1개(또는 레몬 휠), 얼음 적당량

Recipe

스피릿 인퓨징(아쌈 보드카)

1 냉침 보틀에 제이슨 티의 〈아쌈 홍차〉 티백을 넣는다.

2 1에 보드카를 붓는다.

3 밀봉하여 실온에서 2시간 또는 냉장에서 8시간 추출한 다음 티백을 제거한다.

음료 메이킹

1 그라인더로 흑후추를 갈아 접시에 준비한다.

2 레몬 슬라이스를 이용해 글라스 가장자리 절반만 과즙을 가볍게 바른다.

3 리밍 접시에 준비해 둔 후추를 글라스 가장자리에 문질러 리밍한다.

4   리밍한 잔에 우스터 소스를 담는다.

5   타바스코 소스를 흩뿌리듯 가볍게 털어 넣는다.

6   그라인더로 간 후추를 반 꼬집 정도만 넣는다.

7   바 스푼으로 6을 잘 섞는다.

8   잔에 얼음을 가득 담는다.

9   아쌈 보드카를 넣고 바 스푼으로 잘 섞어준다.

10   토마토 주스를 잔의 80%가 될 때까지 채우고, 스퀴저로 레몬을 착즙
     해 레몬즙(약 15ml)을 잔에 담아 바 스푼으로 잘 섞어준다.

11   레몬 슬라이스와 셀러리를 가니쉬로 장식해 마무리한다.

TEA Master's TIP

보다 진한 홍차 맛의 블러디 메리를 원한다면 반드시 토마토 주스에도 아쌈 홍차를 냉침해
야 합니다. 토마토 주스 100ml당 티백 2개 비율로 실온에서 6시간 냉침해 아쌈 보드카와
함께 사용하면 풍부한 홍차의 풍미가 담긴 블러디 메리를 맛볼 수 있습니다.

Green Green Kiwi Ade
그린 그린 키위에이드

Ice | Tea Ade | Non-Alcohol

싱그러운 제주 녹차에 비타민이 풍부한 그린 키위를 담아 만든 상큼 달콤한 여름 에이드

Profile	Aroma	Taste	Caffeine Level
	키위, 녹차, 민트	상쾌한 단맛과 신맛, 여린 감칠맛	낮음

Note   제주 녹차는 싱그러운 풀 내음과 익힌 완두콩 같은 향을 지녀 과즙이 풍부한
과일과 잘 어우러집니다. 부드러운 감칠맛과 깔끔한 뒷맛으로 인해 청량감을
표현하고 싶은 베리에이션에 잘 어울리는데요. 비타민 C가 풍부한 녹차와 키
위를 함께 사용해 상큼 달콤한 과육과 차의 산뜻함을 담은 과일 에이드를 만
들어 봅니다. 가니쉬는 향이 풍부하고 산미가 강한 그린키위를 추천합니다.
녹차 탄산수와 키위를 이용해 쉽고 빠르게 키위에이드를 만들어 보세요.

Making Time   음료 메이킹 4분

Cup   하이볼 글라스

Tool   계량컵, 스트레이너, 바 스푼, 아이스 텅, 탄산 주입기, 지거

Ingredient   제주 녹차 5g, 온수(80도) 200ml, 얼음 적당량, 골드키위 베이스 40g, 그린키위
슬라이스 4개, 애플민트 1줄기

Recipe

1   계량컵에 제주 녹차를 넣고 온수를 부어 3분간 우린다.

2   차가 우러나는 동안 글라스에 골드키위 베이스를 담는다.

3   글라스에 얼음을 가득 담고 글라스의 벽면을 따라 슬라이스한 키위
     3~4개를 장식한다.

     🍃 키위는 사각형 모양으로 잘라 쓰기보다는 슬라이스 타입으로 얇게 잘라 장식하는 것이 효과적
        이다. 그린키위 단독으로 사용하기보다 골드키위와 함께 사용하면 더욱 풍성한 단맛을 낼 수
        있다.

4   다 우러난 차에 얼음을 3개 정도 넣어 쿨링한다.

5   쿨링한 차는 스트레이너로 걸러 병입 후 탄산을 주입한다.

6   글라스에 5의 녹차 탄산수를 약 160~180ml가량 채운다.

7   애플민트를 올려 마무리한다.

TEA Master's TIP

수증기에 쪄서 만드는 증제 녹차는 깔끔하고 감칠맛이 풍부하다는 장점이 있지만 온수에
오래 우릴 경우 익힌 채소 같은 풍미가 강해져 호불호가 나뉘는 경우가 있습니다. 베리에이
션 티에 활용할 경우 온수에서는 가급적 5분 이내로 추출할 것을 권장합니다.

Green Tea Einspänner

그린티 아인슈페너

Ice | Cream Tea | Non-Alcohol

신선하고 청량한 녹차의 풍미를 돋보이게 만든 그린티 아인슈페너

Profile	Aroma	Taste	Caffeine Level
	신선한 풀, 소금, 생크림	가벼운 단맛, 여린 쓴맛	높음

Note

말차는 다양한 타입의 유제품에 매칭하기 좋은 재료입니다. 하지만 시판하고 있는 말차 라테 파우더는 덱스트린과 당류가 첨가되어 있어 꽤 텁텁하고 쓴맛, 강한 단맛이 느껴지는 편이라 우유가 가득한 말차 라테는 괜찮지만 아인슈페너에서는 겉보기만 좋은 음료가 되기 쉽습니다. 차 본연의 풍미를 담은 아인슈페너를 만들고 싶을 때는 무가당 말차를 사용하고 여기에 우려낸 녹차를 함께 첨가하면 말차의 진한 풍미가 보다 산뜻하고 청량해집니다. 이번 음료는 직접 만든 말차 시럽을 더해 아인슈페너를 완성해 봅니다.

Making Time

음료 메이킹 4분

Cup

올드패션드 글라스

Tool

블렌더, 볼, 핸드믹서, 스패출러, 계량컵, 바 스푼, 아이스 텅, 스트레이너, 시럽 보틀, 크림 스푼

Ingredient

말차 시럽(약 5잔 분량) 말차 20g, 소금 1g, 설탕 160g, 온수(60~70도) 300ml
우유 크림(약 5잔 분량) 생크림 200ml, 우유 30ml, 설탕 20g, 소금 한 꼬집
음료 메이킹 녹차 5g, 온수(80도) 100ml, 말차 시럽 50ml, 우유 크림 40g, 얼음 적당량, 말차 약간

Recipe

말차 시럽

1   블렌더에 말차와 소금, 설탕을 넣는다.

2   온수를 천천히 붓는다.

3   뭉친 말차가 없도록 꼼꼼하게 갈아준 후 열탕 소독한 시럽 보틀에 담아 보관한다.

🍃 전통적인 방식으로 격불하는 대신 블렌더를 이용해 말차 시럽을 쉽고 빠르게 만들어 준다.

우유 크림

1   볼에 생크림과 우유를 넣는다.

2   1에 설탕과 소금을 넣는다.

3   핸드믹서로 크림이 살짝 흘러내리는 질감이 될 때까지(65~70% 정도) 휘핑한 후 마무리한다(냉장에서 24시간 이내 사용).

Recipe

음료 메이킹

1   계량컵에 녹차를 넣고 온수를 부어 3분간 추출한다.

2   차가 우러나는 동안 글라스에 얼음을 6~7개가량 담는다.

3   준비해둔 말차 시럽을 50ml 정도 계량해 글라스에 붓는다.

4   충분히 우러난 차에 얼음을 3개 넣고 쿨링한다.

5   4의 식힌 차를 글라스에 붓고 바 스푼으로 충분히 저어준다.

6   미리 준비한 우유 크림을 40~50g가량 넣는다.

7   6에 말차를 소량 뿌려 마무리한다.

TEA Master's TIP

말차는 강한 풍미로 인해 활용도가 매우 높습니다. 미리 말차 시럽을 만들어 두면 음료를 빠르게 제조할 수 있을 뿐만 아니라 소스 대신 다양하게 활용할 수 있습니다. 냉수로 시럽을 만들 경우 풍미가 부족할 수 있으니 반드시 한 김 식힌 온수를 사용해 말차의 분명한 쓴맛과 감칠맛이 음료에 영향을 줄 수 있도록 온도를 조절해 주세요. 녹차는 가급적 증기로 쪄서 만들어 낸 제주 증청 녹차를 사용하는 것이 신선한 느낌을 주기에 좋습니다.

Black Tea Oat Milk Shake

블랙티 오트 밀크 셰이크

Ice | Smoothie | Non-Alcohol

고소한 오트밀과 풍부한 몰트 향의 브렉퍼스트 홍차를 가득 담아 만든 비건 오트 밀크 셰이크

Profile	Aroma	Taste	Caffeine Level
	구운 귀리, 몰트, 바닐라	가벼운 단맛, 여린 쓴맛	중간

Note

비건을 지향하는 사람들이 많아지면서 다양한 식물성 우유들을 쉽게 찾아볼 수 있게 되었습니다. 특히 오틀리의 〈오트 드링크 티 마스터〉는 밀크티에 쓰기 좋은 은근한 단맛과 묵직한 보디감을 지니고 있어 홍차에 활용하기 좋습니다. 여름이니 얼음과 함께 갈아서 밀크 셰이크를 만들어도 좋은데, 오틀리의 〈오리지날 크리미 오트 크림〉을 함께 사용하면 은은하고 감칠맛이 감도는 단맛과 가벼운 고소함이 진한 브렉퍼스트 홍차에 어울리게 될 거예요. 이번에는 홍차 티 베이스를 활용해 비건 밀크 셰이크를 만들어 봅니다.

Making Time

음료 메이킹 4분

Cup

콜린스 글라스

Tool

볼, 핸드믹서, 스패츌러, 계량컵, 바 스푼, 아이스 텅, 블렌더, 크림 스푼(또는 짤주머니), 시럽 보틀, 크림 스푼 2개

Ingredient

▨ 비건 오트 크림 ▨ 오틀리 〈오리지날 크리미 오트 크림〉 100ml, 설탕 15g

▨ 티 베이스(약 2잔 분량) ▨ 아크바 〈잉글리쉬 브렉퍼스트〉 티백 4개, 온수(95도) 100ml, 설탕 30g, 얼음 적당량

▨ 음료 메이킹 ▨ 티 베이스 60ml, 오틀리 〈오트 드링크 티 마스터〉 100ml, 오틀리 〈오리지날 크리미 오크 크림〉 60ml, 얼음 150g, 잔탄검 0.2g, 비건 오트 크림 1~2스푼, 홍차 잎 약간

Recipe

비건 오트 크림(가니쉬)

1   볼에 오틀리의 〈오리지날 크리미 오트 크림〉과 설탕을 넣는다.

2   핸드믹서로 80% 정도 휘핑하여 약간 단단한 질감이 될 때까지 믹싱하고 마무리한다(냉장 보관 후 24이내 전량 소진).

🍃 오트 크림의 온도는 반드시 차가워야 한다. 상온일 경우 크림화가 될 수 없다.

티 베이스

1   계량컵에 아크바의 〈잉글리쉬 브렉퍼스트〉 티백을 넣고 온수를 부어 2분간 우린다.

2   차가 다 우러나면 설탕을 넣고 잘 녹여준 후 얼음 1개로 쿨링해 시럽 보틀에 담아 보관한다.

🍃 티 베이스를 직접 만드는 대신 아크바의 〈잉글리쉬 브렉퍼스트 홍차 베이스〉 50ml를 사용해도 레시피 제조가 가능하다.

음료 메이킹

1   블렌더에 오틀리의 〈오트 드링크 티 마스터〉와 〈오리지날 크리미 오
트 크림〉을 넣는다.

2   블렌더에 얼음 150g가량을 넣은 후 티 베이스와 잔탄검도 넣는다.

3   블렌더로 얼음과 재료가 충분히 분쇄되고 혼합될 때까지 믹싱한다(약
30초).

4   3의 혼합 음료를 글라스에 붓는다.

5   음료 위에 미리 준비한 비건 오트 크림을 올려 장식한다.

    비건 오트 크림은 짤주머니에 담아서 가볍게 원뿔 모양으로 장식하거나 스푼 2개를 이용해 장
식해도 된다.

6   음료 윗면에 홍차 잎을 뿌린 후 마무리한다.

TEA Master's TIP

식품첨가물 잔탄검을 사용하기 어려운 경우에는 홍차 티백과 온수, 설탕을 빼고 시판 홍차
라테 파우더를 45g가량 담아 사용해도 좋습니다.

Moroccan Mint Julep

모로칸 민트 줄렙

Ice | Tea Cocktail | Alcohol

모로코의 특별한 블렌딩 레시피가 더해져 더욱 청량하고 시원한 민트 줄렙

Profile	Aroma	Taste	Caffeine Level
	민트, 오크, 메이플	여린 쓴맛과 단맛	낮음

Note

여름철의 더위를 식혀주는 클래식 칵테일 민트 줄렙은 버번 위스키에 시원한 민트 풍미가 더해져 청량한 맛을 좋아하는 사람들에게 추천할 만합니다. 녹차와 민트를 블렌딩한 TWG TEA의 〈모로칸 민트티〉를 위스키에 냉침하면 독특한 매력의 티 칵테일이 되는데, 피트 향이 강한 위스키에는 시원함을 줄 수 있고 달콤한 몰트 향이 강한 위스키에는 신선한 느낌을 줄 수 있습니다. 취향에 맞춰 위스키를 준비하고 〈모로칸 민트티〉를 더해 나만의 시그니처 민트 줄렙을 만들어 봅니다.

Making Time

음료 메이킹 3분

Cup

금속 재질의 컵

Tool

냉침 보틀, 지거, 계량컵, 바 스푼, 머들러, 계량 스푼

Ingredient

스피릿 인퓨징(약 3잔 분량) TWG TEA 〈모로칸 민트티〉 3g, 위스키 150ml

음료 메이킹 민트티 위스키 45ml(1.5온스), 설탕 1.5티스푼, 민트 6장, 냉수 15ml, 크러시드 아이스 적당량

스피릿 인퓨징(민트티 위스키)

1   냉침 보틀에 TWG TEA의 〈모로칸 민트티〉를 넣는다.

2   1에 위스키를 붓는다.

3   실온에서 1시간 또는 냉장에서 6시간 냉침 후 찻잎을 걸러 병입하고
    라벨링한다(병입 후 냉장에서 3주간 사용 가능).

음료 메이킹

1   금속으로 된 잔에 민트 4장을 담는다.

2   잔에 설탕을 넣고 냉수를 부어 바 스푼으로 녹인다.

3   머들러를 이용해 민트 향이 날 정도로 살짝 으깬다.

🌿 민트를 과하게 으깨면 쓴맛이 강해지니 주의해야 한다.

4   크러시드 아이스를 잔에 가득 담고 민트티 위스키를 붓는다.

5   바 스푼으로 음료를 잘 저어준 다음 민트로 장식하고 마무리한다.

TEA Master's TIP

〈모로칸 민트티〉는 백설탕과 프레시 민트가 더해질 때 가장 큰 시너지를 발휘할 수 있습니다. 차갑게 우린 티에 설탕이 들어가면 쓴맛을 완화하고 신선한 느낌을 더해 줄 수 있으니, 대체 당류나 흑설탕, 원당류를 사용하기보다는 백설탕을 활용하는 편이 좋습니다.

Peach Cream Tea Soda

피치 크림티 소다

Ice | Cream Tea | Non-Alcohol

여름 시즌의 하우스 블렌드 티에 달콤한 복숭아를 더해 과즙 느낌이 가득한 크림 소다

Profile	Aroma	Taste	Caffeine Level
	복숭아, 크림, 장미	은근한 단맛, 신맛	낮음

Note

한여름에는 달콤한 제철 과일들이 많이 나오는데, 그중 복숭아는 여름에 꾸준히 찾게 되는 과일입니다. 이 책에서 소개하는 여름 시즌의 하우스 블렌딩 티에는 장미와 밀향 홍차의 우아하고 달콤한 풍미가 있어, 복숭아와 살구 같은 과일과 조화롭게 어울릴 수 있습니다. 복숭아 시럽과 제철 복숭아 과육을 가득 담아 계절의 시그니처 크림을 만들고, 진하게 우린 차가운 하우스 블렌딩 홍차와 토닉워터를 더해 여름의 맛을 담은 크림 소다를 만들어 봅니다.

Making Time

음료 메이킹 5분

Cup

비어 글라스

Tool

볼, 핸드믹서, 크림 스푼, 스패츌러, 계량컵, 지거, 스트레이너, 아이스 텅

Ingredient

> 복숭아 크림(약 2잔 분량) 생크림 150ml, 우유 15ml, 복숭아 시럽 25ml, 복숭아 1/2개

> 음료 메이킹 밀향 홍차 4g, 장미 꽃잎 0.5g, 온수(95도) 100ml, 토닉워터 적당량, 설탕 시럽 15ml, 복숭아 크림 40g, 복숭아 슬라이스 2개, 애플민트 1줄기, 얼음 적당량

복숭아 크림

1 볼에 생크림과 우유를 넣는다.

2 복숭아를 깍둑썰기로 다져서 1~2스푼 넣는다.

🍃 냉동 복숭아 다이스를 사용해도 되고, 복숭아 시럽과 다이스 대신 복숭아 퓌레 35g으로 대체할
수도 있다.

3 복숭아 시럽을 넣고 핸드믹서로 크림이 말랑한 질감이 될 때까지(70%)
혼합한다(냉장에서 24시간 이내에 전량 소진).

음료 메이킹

1 계량컵에 밀향 홍차와 장미 꽃잎을 담고 온수를 부어 4분간 우린다.

2 충분히 우린 차에 얼음을 3~4개 넣어 쿨링한다.

3 글라스에 얼음을 가득 담고 쿨링한 차를 스트레이너로 걸러 붓는다.

4 토닉워터를 글라스의 3/5가량 채운다(약 100ml).

5 글라스에 설탕 시럽을 넣고 잘 저은 후 복숭아 크림을 올린다.

6 애플민트와 복숭아 슬라이스로 장식해 마무리한다.

Long Island Sunset Ice Tea

롱아일랜드 선셋 아이스티

Ice | Tea Cocktail | Alcohol

자몽 블렌딩 티를 더해 더욱 달콤해진 롱아일랜드 아이스티

Profile	Aroma	Taste	Caffeine Level
	자몽, 레몬, 오렌지	분명한 단맛, 약한 신맛	해당 없음

Note

여름에 가장 인기 있는 칵테일인 롱아일랜드 아이스티에는 사실 차가 들어가지 않습니다. 하지만 우리는 롱아일랜드 아이스티에 자몽 향이 풍부한 알디프의 〈비포선셋〉을 더해 진짜 아이스티 버전으로 만들어 보려 합니다. 여기에 콜라 대신 사이다를 사용해 상큼한 느낌으로 완성해 봅니다. 달콤한 자몽 풍미가 더해진 이번 롱아일랜드 아이스티는 하루 중 언제 마셔도 좋지만, 석양 무렵에 마시면 더욱 유쾌한 저녁 시간을 보낼 수 있습니다.

Making Time

음료 메이킹 3분

Cup

하이볼 글라스

Tool

계량컵, 지거, 바 스푼, 아이스 텅

Ingredient

스피릿 인퓨징(약 6잔 분량) 알디프 〈비포선셋〉 티백 2개, 테킬라 100ml

음료 메이킹 허니부쉬 테킬라 15ml(0.5온스), 화이트 럼 15ml(0.5온스), 보드카 15ml(0.5온스), 런던 드라이 진 15ml(0.5온스), 레몬즙 30ml(1온스), 쿠앵트로 2티스푼, 설탕 2티스푼, 사이다 적당량, 레몬 웨지 1개, 얼음 적당량

Recipe

1

1

2

스피릿 인퓨징(허니부쉬 테킬라)

1   계량컵에 알디프의 〈비포선셋〉 티백과 테킬라를 넣은 후 실온에서 6
시간 냉침한다.

음료 메이킹

1   얼음을 가득 담은 글라스에 화이트 럼, 보드카, 허니부쉬 테킬라, 런던
드라이 진, 레몬즙, 쿠앵트로를 차례로 담고 저어준다.

🍃   필요한 레몬즙은 레몬 생과 1개를 반으로 잘라서 모두 착즙해 사용하는 것이 가장 좋다.

2   글라스의 80%가 채워질 때까지 사이다를 붓고 레몬 웨지를 올려 마
무리한다.

TEA Master's TIP

롱아일랜드 아이스티처럼 다양한 술을 사용하는 칵테일의 경우 어느 술에 차를 냉침하느냐
에 따라 결과물이 달라질 수 있습니다. 가급적이면 쿠앵트로 같은 리큐어보다는 보드카 또
는 테킬라와 같은 증류주에 인퓨징하는 것을 추천합니다. 깔끔한 풍미를 원할 경우 보드카
에, 풍부한 아로마를 원할 때에는 테킬라에 인퓨징하면 되니 취향껏 선택해 주세요.

Tieguanyin Mojito

무알코올 철관음 모히토

Ice | Tea Mocktail | Non-Alcohol

청아한 향기의 중국 우롱차 철관음에 싱그러운 라임과 민트를 담아 만든 무알코올 모히토

Profile	Aroma	Taste	Caffeine Level
	난꽃, 민트, 라임	깔끔한 단맛, 여린 신맛	낮음

Note

중국 푸젠성의 남쪽 안계현 지역에서 탄생한 우롱차 철관음은 전통방식으로 만든 구수한 농향과 현대인의 취향에 맞는 싱그러운 청향이 있습니다. 여름 더위에는 아무래도 상쾌한 풀 내음과 난꽃 향이 그윽한 청향을 활용하는 편이 청량감을 표현하기 좋습니다. 싱그러운 풍미의 우롱차를 진하게 우린 뒤 상큼한 라임과 민트를 더해 동양적인 풍미의 모히토를 만들어 봅니다.

Making Time

음료 메이킹 5분

Cup

하이볼 글라스

Tool

계량컵, 스트레이너, 믹싱틴, 머들러, 바 스푼, 핀셋, 지거, 아이스 텅

Ingredient

철관음 5g, 온수(90도) 100ml, 설탕 시럽 20ml, 토닉워터 적당량, 라임 1개, 민트 9줄기, 얼음 적당량

1   계량컵에 철관음을 넣고 온수를 부어 4분간 추출한다.

2   차가 우러나는 동안 라임 휠을 3개 준비하고, 나머지는 사각으로 자른다.

3   믹싱틴에 사각으로 잘라둔 라임과 민트 6~7줄기를 넣고 머들러로 가볍게 으깬다.

🍃   머들링을 할 때 너무 과하게 으깨면 재료에서 쓴맛이 과하게 추출될 수 있으니 주의해야 한다.

4   글라스에 3의 라임과 민트를 담는다.

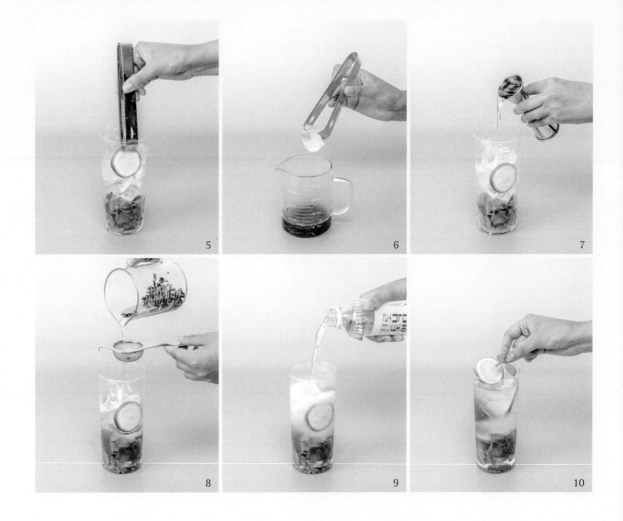

5	글라스에 얼음을 채우고 라임 휠 2개로 벽면을 장식한다.
6	우린 차에 얼음 2개를 넣어 충분히 쿨링한다.
7	글라스에 설탕 시럽을 넣는다.
8	쿨링한 철관음 우롱차를 스트레이너로 걸러 100ml가량 붓는다.
9	글라스에 토닉워터를 70ml가량 붓는다.
10	라임 휠 1개와 민트를 올려 장식해 마무리한다.

TEA Master's TIP

청향 우롱차를 스트레이트로 즐길 때는 한 김 식힌 온수를 사용하는 것이 좋습니다만, 베리에이션으로 활용할 때는 더 높은 온도의 열탕으로 우려야 풍부한 맛을 느낄 수 있습니다.

Before Sunset Pina Colada

비포선셋 피나 콜라다

Ice | Tea Mocktail | Non-Alcohol

달콤한 열대과일의 풍미가 매력적인 프로즌 타입의 논알코올 티 칵테일

Profile	Aroma	Taste	Caffeine Level
	파인애플, 코코넛, 자몽	풍부하고 진한 단맛, 여린 신맛, 여린 감칠맛	해당 없음

Note
한여름의 무더위를 식힐 땐 프로즌 타입의 달콤한 칵테일도 매력적입니다. 특히 파인애플과 코코넛을 사용한 피나 콜라다는 특유의 열대과일 풍미로 인해 대중에게 가장 사랑받는 음료입니다. 이번에는 자몽과 꿀향 가득한 무카페인 허브티 알디프의 〈비포선셋〉을 활용해 알코올 없이도 충분히 달콤한 한 잔의 피나 콜라다를 만들어 봅니다(알코올 버전으로 만들 경우 화이트 럼을 사용해 주세요).

Making Time
음료 메이킹 3분

Cup
스템 비어 글라스

Tool
냄비, 스푼, 바 스푼, 시럽 보틀, 지거, 아이스 텅, 스퀴저, 블렌더

Ingredient
`비포선셋 시럽(약 4-5잔 분량)` 알디프 〈비포선셋〉 티백 4개, 온수(95도) 200ml, 설탕 200g
`음료 메이킹` 파인애플 주스 120ml, 코코넛 밀크 30ml, 라임 1/2개, 비포선셋 시럽 45ml, 잔탄검 0.05g, 파인애플 잎 2장, 파인애플 조각 1개, 얼음 적당량

Recipe

비포선셋 시럽

1 냄비에 알디프의 〈비포선셋〉 티백과 온수를 넣고 5분간 가열한다.

2 차가 충분히 우러나면 설탕을 넣고 잘 녹인다.

3 충분히 식힌 후 병입하여 사용한다(냉장에서 2주 사용 가능).

음료 메이킹

1 글라스에 얼음을 담아 칠링하고 블렌더에 얼음을 160g가량 담는다.

2 블렌더에 파인애플 주스와 코코넛 밀크, 비포선셋 시럽, 잔탄검을 넣는다.

3 라임 1/2개를 스퀴저에 넣고 착즙해 라임즙 15ml를 블렌더에 담는다.

4 얼음이 모두 조밀하게 갈릴 때까지 블렌딩한다.

5 칠링한 얼음을 버리고 4를 글라스에 균일하게 붓는다.

6 파인애플 잎과 파인애플 조각으로 장식해 마무리한다.

TEA Master's TIP

열대과일의 풍미를 활용한 음료를 만들 경우 가급적이면 당도를 높게 하는 편이 향기와 맛의 일치를 느낄 수 있습니다. 알코올 버전으로 만들 경우 달콤한 풍미의 화이트 럼 100ml에 티백 2개를 냉침해 사용하는 것이 좋습니다.

Coconut Matcha Milk Tea

코코넛 말차 밀크티

Ice | Milk Tea | Non-Alcohol

달콤하고 가벼운 코코넛 밀크에 싱그러운 풍미의 말차를 듬뿍 담은 비건 밀크티

Profile			
	Aroma	Taste	Caffeine Level
	신선한 풀, 코코넛, 슈거	가벼운 단맛, 여린 쓴맛	높음

Note

신선한 녹차의 풍미를 가장 강하게 느낄 수 있는 형태로 제조된 말차는 다양한 타입의 유제품에 매칭하기 좋은 재료입니다. 말차를 사용하는 베리에이션 티를 만들 때, 코코넛을 사용하면 달콤하고 가벼운 맛의 비건 밀크티로 완성되는데 제조 시간이 1분 이내라 활용성이 매우 높습니다. 누구나 손쉽게 만들 수 있는 쉽고 빠른 비건 밀크티를 만들어 봅니다.

Making Time

음료 메이킹 1분

Cup

하이볼 글라스

Tool

블렌더, 아이스 텅, 시럽 보틀, 바 스푼

Ingredient

말차 시럽(약 5잔 분량) 말차 20g, 소금 1g, 설탕 160g, 온수(60~70도) 200ml

음료 메이킹 말차 시럽 20ml, 코코넛 밀크 200ml, 얼음 적당량

Recipe

말차 시럽

1   블렌더에 말차와 소금, 설탕, 온수를 넣는다.

2   뭉친 말차가 없도록 꼼꼼하게 갈아 준다.

🌿   전통적인 방식으로 격불하는 대신 블렌더를 이용해 말차 시럽을 쉽고 빠르게 만들 수 있다.

3   열탕 소독한 시럽 보틀에 담아 보관한다(냉장에서 2주 이내 사용).

음료 메이킹

1   글라스에 얼음을 가득 담고 코코넛 밀크를 붓는다.

2   1에 준비해 둔 말차 시럽을 넣고 마무리한다.

TEA Master's TIP

말차는 강한 풍미로 인해 활용도가 매우 높습니다. 미리 말차 시럽을 만들어 두면 빠른 음료 제조가 가능한데, 소스 대신 다양하게 활용할 수 있습니다. 냉수로 시럽을 만들 경우 풍미가 부족할 수 있으니 반드시 한 김 식힌 온수를 사용해 말차의 분명한 쓴맛과 감칠맛이 음료에 악센트를 줄 수 있도록 조정해 주세요.

Peony White Lady
피오니 화이트 레이디

Ice | Tea Cocktail | Alcohol

섬세한 백모단의 풍미에 런던 드라이 진과 트리플 섹, 달걀 흰자를 더한 클래식 칵테일

Profile	Aroma		Taste		Caffeine Level
	화이트 플라워, 오렌지, 주니퍼베리		상쾌한 단맛과 신맛		약함

Note

백모단 햇차는 섬세한 흰 꽃의 향과 비 내린 뒤의 풀 내음 같은 아로마를 지니고 있습니다. 특히 런던 드라이 진에 백모단 백차를 냉침하게 되면 싱그러운 향을 가장 잘 추출할 수 있습니다. 이번에는 백모단을 여름밤에 어울리는 상쾌하고 화사한 티 칵테일로 활용할 수 있도록 백차의 화사한 풍미가 담긴 진, 트리플 섹과 레몬즙, 달걀 흰자(에그화이트)를 더한 화이트 레이디를 만들어 봅니다.

Making Time

음료 메이킹 3분

Cup

칵테일 글라스(마티니 글라스)

Tool

계량컵, 냉침 보틀, 셰이커, 바 스푼, 지거, 아이스 텅, 스퀴저

Ingredient

`스피릿 인퓨징` 백모단 4g, 런던 드라이 진 300ml

`음료 메이킹` 백모단 진 45ml(1.5온스), 트리플 섹(또는 쿠앵트로) 15ml(0.5온스), 레몬 1/2개, 설탕 시럽 10ml(0.3온스), 달걀 1개, 레몬 필 1개, 얼음 적당량

스피릿 인퓨징(백모단 진)

1   계량컵에 백모단을 넣고 런던 드라이 진을 붓는다.

2   병입 후 실온에서 1시간 30분 정도 냉침한다. 냉침 완료 후 라벨링해
     냉장 보관한다.

음료 메이킹

1   준비한 글라스와 셰이커에 얼음을 담고, 셰이커에 백모단 진과 트리플
     섹, 설탕 시럽을 넣는다.

2   신선한 레몬 1/2개를 스퀴징하여 레몬즙 15ml를 셰이커에 넣는다.

3   준비한 달걀의 흰자만 추출해 셰이커에 담는다.

4   거품이 충분히 생길 수 있도록 3을 30~50초(혹은 날씨에 따라 그 이상) 동
     안 강하게 셰이킹한다.

5   칠링한 글라스의 얼음을 버리고 혼합 음료를 거품까지 모두 붓는다.

6   레몬 필의 껍질 바깥 방향이 음료 표면을 보게 한 다음 레몬 필을 손으
     로 살짝 비틀어 껍질 속 향기 물질을 음료에 분사한다. 사용한 레몬 필
     은 림에 올려 장식하고 마무리한다.

TEA Master's TIP

달걀 흰자를 활용한 칵테일의 경우, 노른자를 분리하는 것이 익숙하지 않아 준비하기 어렵
다면 시판용 난백액을 구매해 사용하는 것도 좋은 방법입니다.

Watermelon Tea Punch

워터멜론 티 펀치

Ice | Tea Cocktail | Alcohol

수박과 허니 블랙티 보드카를 섞어 여름의 달콤함을 가득 담은 저도수 티 칵테일

Profile	Aroma	Taste	Caffeine Level
	수박, 꿀, 몰트	분명한 단맛, 옅은 신맛	낮음

Note

시원한 티 펀치는 여름에 어울리는 낮은 도수의 티 칵테일입니다. 과일에 어떤 차를 더하는지에 따라서 풍미가 꽤 차이 나는 편인데, 홍차를 사용하면 깊은 풍미의 티 펀치를 맛볼 수 있습니다. 보드카에 차와 과일을 담아 인퓨징한 다음 간편하게 음료를 만들 수 있어 빠르게 여러 잔을 제공해야 하는 상황에서 활용하기 좋은 음료이기도 합니다. 이번에는 수박과 아크바의 〈꿀향 홍차〉를 사용해 쉽고 빠르게 달콤한 여름 음료를 만들어 봅니다.

Making Time

음료 메이킹 2분

Cup

올드패션드 글라스

Tool

냉침 보틀, 지거, 아이스 텅, 바 스푼

Ingredient

스피릿 인퓨징(약 6잔 분량) 아크바 〈꿀향 홍차〉 티백 4개, 보드카 200ml, 애플수박 슬라이스 3개

음료 메이킹 꿀수박 보드카 30ml(1온스), 수박 시럽 15ml(0.5온스), 얼음 적당량, 토닉워터 적당량, 애플수박 슬라이스 1개, 애플민트 1줄기

Recipe

272

스피릿 인퓨징(꿀수박 보드카)

1   냉침 보틀에 아크바의 〈꿀향 홍차〉 티백을 넣고 보드카를 붓는다.

2   실온에서 30분가량 냉침한 후 수박 슬라이스 3개를 넣고 2시간 정도
     추가로 냉침한다.

3   과일과 티백을 제거하고 액체만 냉장 보관하여 사용한다(냉장에서 1주간
     사용 가능).

음료 메이킹

1   글라스에 꿀수박 보드카를 넣는다.

2   글라스에 얼음을 80%가량 채운다.

3   2에 수박 시럽을 붓는다.

4   토닉워터를 부어 글라스의 4/5가량을 채운다.

5   애플수박 슬라이스와 애플민트로 장식해 마무리한다.

🍃   필요한 수박 슬라이스는 미리 손질해 둔다. 애플수박을 활용하면 더욱 쉽게 가니쉬를 만들 수
     있다.

TEA Master's TIP   수박을 활용한 음료의 경우 너무 오랫동안 과일을 인퓨징하면 음료에 잔여물이 많이 떠다닐
                          수 있습니다. 맑은 타입을 원한다면 가급적 2시간 이내로 인퓨징을 마치는 것이 좋습니다.

Botanic Milky Oolong Tea Ade

보타닉 밀키우롱 티 에이드

Ice | Ade | Non- Alcohol

신선한 우유 향이 돋보이는 밀키우롱에 프레시 허브를 더한 청량한 풍미의 티 에이드

Profile	Aroma	Taste	Caffeine Level
	로즈마리, 민트, 엘더플라워	단맛, 여린 신맛과 감칠맛	중간

Note

타이완에서 새로 개발한 품종의 차 나무 대차 12호는 섬세한 흰 꽃 향기와 후미의 달콤한 우유 향을 지닌 차로 금훤(金萱)이라 불립니다. 특유의 우유 향으로 인해 밀키우롱(milky oolong)이라는 별명으로 더 유명한 이 차는 에이드로 활용할 때 청량하고 부드러운 느낌을 강조할 수 있습니다. 밀키우롱을 진하게 우려 하우스 메이드 우롱 시럽을 만들고, 엘더플라워와 신선한 허브들을 활용한 티 에이드를 만들어 봅니다.

Making Time

음료 메이킹 4분

Cup

하이볼 글라스

Tool

계량컵, 시럽 보틀, 스트레이너, 지거, 스푼, 아이스 텅

Ingredient

우롱 시럽(약 10~11잔 분량) 금훤 우롱 10g, 온수(95도) 200ml, 설탕 160g

음료 메이킹 금훤 우롱 5g, 온수(80도) 150ml, 우롱 시럽 25ml, 엘더플라워 시럽 15ml, 얼음 적당량, 토닉워터 적당량, 로즈마리 2줄기, 애플민트 2줄기

우롱 시럽

1   계량컵에 금훤 우롱을 담고 온수를 부어 5분간 우린다.

2   1의 계량컵에 설탕을 넣고 잘 섞어서 잔여물이 남지 않도록 녹인다.

3   열탕 소독한 시럽 보틀에 스트레이너를 사용하여 2를 걸러서 담고 라벨링해 보관한다(냉장에서 보관하여 7일 이내 사용).

🍃   풍미의 안정화 기간이 필요한 우롱 시럽은 제조 후 냉장에서 12시간 보관 후 사용하는 것이 좋다.

음료 메이킹

1   계량컵에 금훤 우롱을 넣고 온수를 부어 3분간 우린다.

🍃   시럽과 음료에 사용되는 온수의 온도가 다른 점을 반드시 체크한다.

2   차를 우리는 동안 글라스에 얼음을 가득 담고 우롱 시럽, 엘더플라워 시럽을 붓는다.

3   다 우린 차에 얼음 4개를 넣고 쿨링한다.

4   글라스에 3의 식힌 차를 120ml가량 붓는다.

5   4에 토닉워터를 채운다(약 40~60ml).

6   로즈마리와 애플민트로 장식하고 마무리한다.

TEA Master's TIP

건엽이 초록빛을 띠고 있는 청향 우롱의 경우 스트레이트로 음용할 때와 달리 끓인 열탕에 진하게 우려야 베리에이션 티로 활용할 정도의 강도를 띠게 됩니다. 다만 열탕을 사용할 경우 향이 손실될 수 있으니 반드시 뚜껑을 닫고 우립니다.

Phoenix Danchong Oolong Coldbrew Milk Tea

봉황단총 콜드브루 밀크티

Ice | Milk Tea | Non- Alcohol

풍부한 꿀과 복숭아꽃의 아로마가 진한 여운을 선사하는 청량하고 부드러운 아이스 밀크티

Profile	Aroma	Taste	Caffeine Level
	꿀, 복숭아꽃, 삼나무	산뜻한 쓴맛, 은은한 단맛, 여린 신맛	낮음

Note

한국의 여름보다 더 덥고 습한 중국의 남쪽, 광둥성 조주시 봉황산의 유서 깊은 우롱차 봉황단총은 향이 풍부하고 개운한 뒷맛이 있어 습하고 더운 날씨에 잘 어울립니다. 봉황단총 특유의 쓴맛과 신맛은 우유를 활용하면 매우 깔끔한 맛으로 다가와 아이스 밀크티로 활용하기 좋습니다. 누구나 쉽게 따라 할 수 있도록 이번에는 차가운 물에 천천히 추출한 봉황단총 우롱차에 우유와 우유 거품을 얹어 폭신한 런던 포그 밀크티를 만들어 봅니다.

Making Time

냉침 차 제조 2~8시간, 밀크티 제조 2분

Cup

머그

Tool

냉침 보틀, 밀크 포머, 바 스푼, 머들러, 아이스 텅

Ingredient

냉침 차(약 3~4잔 분량) 봉황단총 20g, 정수 500ml

음료 메이킹 냉침 차 130ml, 우유 170ml, 바닐라 시럽 20ml, 얼음 적당량, 찻잎 적당량

Recipe

280

냉침 차

1   봉황단총을 냉침 보틀에 넣고 정수를 붓는다.

🍃   봉황단총은 잘게 부서진 것을 사용한다(큰 잎의 경우 부숴 사용).

2   찻잎이 골고루 적셔질 수 있도록 2~3회 보틀을 흔들고 난 후 실온에서
     2시간 또는 냉장에서 8시간 추출한다.

🍃   실온 추출은 추출 시간 2시간 이후 반드시 찻잎을 걸러서 보관한다. 냉침 차는 24시간이 지나
     면 맛과 향이 많이 달라지므로 반드시 폐기한다.

음료 메이킹

1   머그에 바닐라 시럽을 붓는다.

2   냉침 차를 붓고 바 스푼으로 잘 저어서 혼합한다.

3   머그에 얼음을 7~8개가량 담아 냉침 차가 머그의 2/3 정도 채워지는
     것을 확인한다.

4   밀크 포머에 차가운 우유 100ml를 넣고 빠르게 거품을 만들어 준다.

5   차가운 우유 70ml는 레이어가 생길 수 있도록 조심조심 3의 얼음 위에
     부어준 후 4의 우유 거품을 머그에 가득 채운다.

6   찻잎을 머들러로 가볍게 으깨준 다음 푹신한 우유 거품 위에 뿌려 장
     식한다.

TEA Master's TIP

습도가 높은 무더운 날에는 물을 끓여서 차를 우리기보다는 찻잎을 차가운 물에 천천히 우
리는 냉침 차(Cold Brew Tea) 추출 방법이 가장 청량한 느낌을 줄 수 있습니다.

Cinnamon Pu-erh Tea Apogato

시나몬 보이티 아포가토

Ice | Dessert Tea | Non-Alcohol

진하고 부드러운 보이차를 듬뿍 담은 달콤한 티 아포가토

Profile	Aroma	Taste	Caffeine Level
	시나몬, 가죽, 바닐라	단맛, 여린 쓴맛	낮음

Note   중국 윈난 지역에서 생산된 보이차 중 발효 과정인 악퇴를 거친 보이숙차는 젖은 흙과 나무, 카카오 풍미와 진한 맛으로 인해 유제품에 활용하기 좋은 재료입니다. 여기에 시나몬 파우더를 아주 소량 블렌딩해서 함께 추출하면 더욱 풍성한 맛과 향을 지니게 됩니다. 여름에 어울리는 디저트 티를 만들기 위해 이번에는 바닐라 아이스크림에 진하게 우린 보이차를 더해서 독특하고 우아한 풍미의 티 아포가토를 만들어 봅니다.

Making Time   음료 메이킹 3분

Cup   올드패션드 글라스

Tool   계량컵, 스트레이너, 바 스푼, 지거, 아이스크림 스쿱

Ingredient   보이숙차 2g, 보이차 분말 1티스푼, 시나몬 파우더 1/5티스푼, 온수(95도) 50ml, 바닐라 아이스크림 2스쿱, 시나몬 스틱 1개

1   계량컵에 시나몬 파우더와 보이차 분말, 보이숙차를 담는다.

2   찻잎을 적실 정도로 온수를 붓고 2분간 추출한다.

3   글라스에 아이스크림을 담고 2의 추출된 차를 45ml가량 아이스크림 위에 붓는다.

4   시나몬 스틱 1개를 잔 위에 장식하여 자연스럽게 시나몬 풍미를 더해 준다.

🍃 가급적이면 시나몬 스틱을 직접 그라인딩해서 추출하는 것이 가장 효과가 좋다.

Peach Earl Grey Frost

피치 얼그레이 프로스트

Ice | Tea Cocktail | Alcohol

소주에 인퓨징한 얼그레이와 복숭아, 요거트를 더해 더욱 상큼한 풍미의 프로즌 티 칵테일

Profile	Aroma	Taste	Caffeine Level
	복숭아, 베르가모트, 요거트	분명한 단맛, 여린 신맛	중간

Note

아크바의 〈피치〉는 복숭아의 달콤한 향이 풍부해서 여러 음료에 베리에이션하기 좋습니다. 〈피치〉를 얼그레이와 함께 소주에 냉침하면 복숭아 얼그레이의 풍미가 진해지는데, 여기에 복숭아 퓌레와 요거트 파우더를 더해 프로즌 타입으로 만들면 시원한 티 칵테일이 됩니다. 마지막에는 후추도 살짝 곁들여서 킥을 만들어 주세요. 만드는 과정이 다소 길고 복잡한 음료로 미리 준비했다가 특별한 날 활용할 것을 권합니다.

Making Time

음료 메이킹 4분

Cup

하이볼 글라스

Tool

냉침 보틀, 블렌더, 바 스푼, 아이스 텅, 그라인더, 스푼

Ingredient

`스피릿 인퓨징(약 5-6잔 분량)` 아크바 〈피치〉 티백 2개, 아크바 〈얼그레이〉 티백 2개, 소주 300ml

`음료 메이킹` 요거트 파우더 40g, 우유 100ml, 피치 얼그레이 소주 45ml(1.5온스), 복숭아 퓌레 10g, 얼음 적당량, 후추 약간, 복숭아 슬라이스 2개, 세이지 2줄기

스피릿 인퓨징(피치 얼그레이 소주)

1   냉침 보틀에 아크바의 〈피치〉와 〈얼그레이〉 티백을 넣고 소주를 붓는다.

2   밀봉 후 실온에서 2시간(혹은 냉장 8시간) 냉침 후 티백을 제거하고 라벨
     링해 보관한다(냉장에서 3주 사용 가능).

음료 메이킹

1   블렌더에 얼음 150g가량을 담고 우유와 요거트 파우더, 피치 얼그레
     이 소주를 넣는다.

2   모든 재료가 잘 혼합될 수 있도록 곱게 갈아 준다.

3   글라스에 복숭아 퓌레를 넣는다.

4   2의 혼합물을 3의 글라스에 붓는다.

5   그라인더로 후추를 갈아 아주 조금만 뿌린다.

6   복숭아 슬라이스와 세이지로 장식해 마무리한다.

TEA Master's TIP

복숭아에 약간의 후추를 더하면 과일의 신선한 느낌을 더욱 잘 살릴 수 있습니다. 취향에 따
라 제외해도 괜찮으며 세이지가 없는 경우 타임으로 대체해 사용할 수 있습니다.

Red Tea Shangria

레드 티 샹그리아

Ice | Tea Ade | Non-Alcohol

산뜻한 히비스커스 블렌딩 티에 싱그러운 오렌지와 자몽을 담은 무알코올 티 샹그리아

Profile	Aroma	Taste	Caffeine Level
	자몽, 오렌지, 히비스커스	분명한 단맛, 적당한 신맛	해당 없음

Note
원래 샹그리아는 스페인 지역의 칵테일로 레드 와인에 과일이나 과즙, 소다수를 섞어 차게 마시는 와인 칵테일입니다. 하지만 히비스커스가 포함된 블렌딩 티를 활용하면 진한 보디감과 산미, 산뜻한 떫은맛이 있어서 와인 없이도 샹그리아의 맛과 비슷한 음료를 만들 수 있습니다. 어떤 베이스 티를 선정하는지에 따라서 맛의 밸런스가 많이 달라지는데, 이번 레드 티 샹그리아는 새콤달콤한 라즈베리 향을 더한 런던프룻앤허브의 차를 활용해 만들어 봅니다.

Making Time
음료 메이킹 2분

Cup
화이트 와인 글라스

Tool
계량컵, 스푼, 냉침 보틀, 아이스 텅, 바 스푼

Ingredient

티 샹그리아 냉침(약 2잔 분량) 오렌지 1/2개, 사과 1/2개, 레몬 1/2개, 자몽 1/2개, 런던프룻앤허브 〈라즈베리〉 티백 8개, 온수(95도) 400ml, 설탕 40g, 얼음 적당량

음료 메이킹 티 샹그리아 냉침 180~200ml, 얼음 적당량, 로즈마리 1줄기

Recipe

292

티 샹그리아 냉침

1   오렌지, 사과, 레몬, 자몽을 모두 슬라이스해 준비한다.

2   계량컵에 런던프룻앤허브의 〈라즈베리〉 티백을 담고 온수를 부어 5분
      간 추출한다.

3   충분히 우러난 차에 설탕을 넣고 잘 녹인다.

4   설탕을 녹인 차에 얼음을 가득 담아 쿨링한다.

5   준비한 냉침 보틀에 1의 과일을 차곡차곡 담는다.

6   과일 위에 4의 차를 붓는다.

7   냉침 보틀을 밀봉하여 냉장에서 최소 8~12시간가량 인퓨징한다.

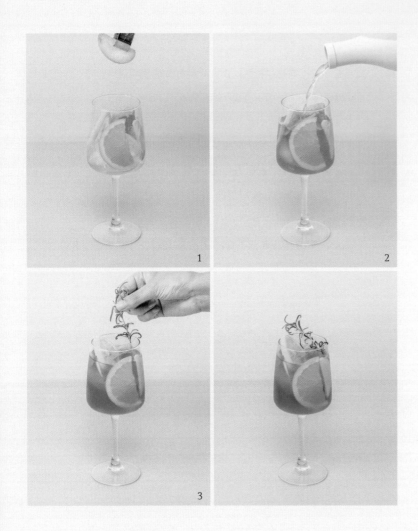

음료 메이킹

1   글라스에 얼음을 담고 인퓨징한 과일을 글라스의 벽면 사이사이에 배
     치한다.

2   미리 냉침한 차를 글라스에 4/5가량 채운다(약 200ml).

3   로즈마리로 장식해 마무리한다.

TEA Master's TIP

티 샹그리아는 음료 컨디션을 위해 가급적 상온 인퓨징보다는 냉장 인퓨징을 권합니다. 사
용하게 될 병도 꼼꼼하게 열탕 소독해 두고 제조일로부터 2일 이내에 모두 소진하는 것이
좋습니다.

가을의 ──────

tea
레시피

맑고 선선한 바람이 불어오는 가을의 음료는 다채로운 맛의 팔레트를 가진 홍차와 우롱차를 활용해 풍성하고 부드러운 맛을 내는 것이 좋습니다. 고소한 햇곡물과 달큰한 제철 과일 그리고 스파이스를 담아 만들게 될 가을의 레시피는 차를 추출하는 다양한 방법과 유제품의 활용에 중점을 두고 만들어 봅니다.

Korea Jeju Hoji Tea

한국 제주 호지차

Hot/Ice | Straight Tea | Non-Alcohol

녹차를 고온에서 로스팅해 더욱 고소한 풍미가 매력적인 볶은 녹차

Profile	Aroma	Taste	Caffeine Level
	고소한 곡물, 견과류, 밀짚	은근한 단맛, 옅은 신맛	낮음

Note

호지차는 일본에서 개발한 볶은 녹차로, 최근에는 한국에서도 많이 생산되고 있습니다. 햇차를 구하기 어려웠던 1920년대 녹차를 높은 온도에 볶아 마신 것이 시초였는데, 볶은 곡물처럼 고소한 맛이 나고 카페인 함량이 낮아서 연령과 성별에 관계 없이 많은 사랑을 받게 되었습니다. 호지차는 컵에 넉넉하게 우려 식사와 곁들여도 좋고, 다호에 우려서 떡이나 한과 같은 디저트와 함께 티타임에 활용해도 좋습니다.

Making Time

한국식 브루잉으로 30초, 1분으로 시간을 늘려서 추출

Cup

도자기 찻잔 또는 올드패션드 글라스

Tool

`HOT` 다호, 숙우, 스트레이너

`ICE` 다호, 숙우, 스트레이너, 아이스 텅

Ingredient

`HOT` 호지차 4g(차호의 1/3), 1회 추출당 온수(80도) 150ml

`ICE` 호지차 4g, 온수(80도) 150ml, 얼음 적당량

Recipe

Hot Tea

1   다호와 숙우, 찻잔을 예열하고 예열 물을 버린 후 다호에 찻잎을 담는다.

🍃   한국식으로 추출할 경우 찻잎은 사용하는 다호의 1/3 정도만 담아서 추출하는 것이 가장 이상
     적이다.

2   찻잎에 온수를 조심스럽게 붓고 30초간 우린다.

3   찻잎을 거르고 숙우에 차를 옮겨 담는다.

4   찻물을 찻잔에 따라 색과 향, 맛을 감상한다.

5   다호에 거듭 물을 부어가며 짧은 시간 동안 차를 우리는 것을 2~3회
     정도 반복한다.

Ice Tea(급랭)

1   다호와 숙우, 찻잔을 예열하고 예열 물을 버린 후 다호에 찻잎을 담는다.

2   찻잎에 온수를 조심스럽게 붓고 30초간 우린다.

3   찻잎을 거르고 숙우에 차를 옮겨 담는다.

4   글라스에 얼음을 가득 담고 숙우의 차를 담아 쿨링한다.

China Phoenix Danchong Oolong Tea, Huang Zhi Xiang

중국 광둥성 봉황단총, 황지향

Hot/Ice | Straight Tea | Non-Alcohol

치자 꽃의 섬세하고 진한 플레이버를 지닌 두터운 보디감의 우롱차

Profile	Aroma	Taste	Caffeine Level
	꿀, 오렌지 블라썸, 치자 꽃	섬세한 단맛, 쓴맛	중간

Note

봉황단총은 중국 광둥성의 우롱차로 섬세한 향이 매력적인 차입니다. 차 나무 품종마다 향기가 달라 십대향형(十大香型)이라는 카테고리로 분류하는데, 난초, 재스민, 치자 꽃과 같은 향이 유명합니다. 특히 치자 꽃 향인 황지향(黃枝香)은 맑은 가을에 잘 어울립니다. 다호를 이용해 짧게 우리면 특유의 향을 진하게 느낄 수 있어서 백자 도자기 재질로 따뜻하게 우려 마시는 것을 추천합니다. 시원한 차로 마실 경우에는 급랭법으로 마시면 복합적인 과일과 꿀의 조화를 맛볼 수 있습니다.

Making Time

중국식 브루잉으로 세차(5초), 10초, 15초, 20초, 이후 20초씩 시간을 늘려 추출하되 봉황단총은 세차를 짧게 진행

Cup

중국식 찻잔, 하이볼 글라스

Tool

HOT 다호, 숙우, 스트레이너
ICE 다호, 스트레이너, 아이스 팅, 바 스푼

Ingredient

HOT 봉황단총 황지향 4.5g(개완의 1/3), 1회 추출당 온수(90도) 150ml
ICE 봉황단총 황지향 4.5g, 온수(90도) 150ml, 얼음 적당량

Recipe

Hot Tea

1   다호와 숙우, 찻잔을 예열하고 예열 물을 버린다.

2   다호에 찻잎을 담은 후 온수를 조심스럽게 붓는다.

🍃   봉황단총은 맛이 강하게 추출되는 편으로 가급적이면 찻잎에 물을 세차게 붓지 않고 조심스럽
     게 붓거나 벽면을 타고 흐르는 정도로 약하게 붓는 것이 좋다. 물줄기를 약하게 하면 보다 부드
     럽고 달콤한 풍미로 추출이 가능하다.

3   5초 정도 세차한 후 숙우에 차를 옮긴다.

4   세차용 차는 찻잔을 데우는 용도로만 사용하고 버린다.

5   다호에 거듭 물을 부어가며 10초 동안 차를 우린다.

6   우린 차를 찻잔에 따라 음미하며 우리는 것을 4~5회 정도 반복한다(15
     초, 20초로 시간을 점점 늘린다).

Ice Tea(급랭)

1   다호를 예열하고 예열 물을 버린다.

2   다호에 찻잎을 담고 온수를 조심스레 부어 5초간 세차한 후 버린다.

3   다시 온수를 붓고 15초, 20초간 2회 추출하여 숙우에 차를 보관한다.

4   얼음을 가득 채운 글라스에 우린 차를 붓는다.

5   바 스푼으로 저어 쿨링하고, 부족한 얼음은 추가로 보충하여 제공한다.

India Darjeeling Second Flush

인도 다즐링 세컨드 플러시

Hot/Ice | Straight Tea | Non-Alcohol

풍부한 꽃과 달콤한 머스캣의 풍미가 가득한 인도 다즐링의 홍차

Profile	Aroma	Taste	Caffeine Level
	아카시아, 머스캣, 멜론	은은한 단맛, 여린 신맛	높음

Note 인도 다즐링 지역의 차는 수확 시기마다 특징이 달라지기에 계절마다 홍차를 기다리는 묘미가 있습니다. 5~6월에 수확하는 다즐링 세컨드 플러시 홍차는 풍미가 진하고 과일과 꽃의 느낌이 충만해서 조금은 건조하고 서늘한 가을바람이 느껴질 때쯤 마시면 차가 지닌 특징을 생생하게 접할 수 있습니다. 마음에 드는 다원의 차를 고르고 취향에 따라 따뜻하게 혹은 시원하게 다즐링 세컨드 플러시를 즐겨봅니다.

Making Time 브루잉 3분

Cup 티컵 앤 소서 또는 하이볼 글라스

Tool
HOT 티포트, 스트레이너, 서브 티포트
ICE 티포트, 스트레이너, 아이스 텅, 바 스푼

Ingredient
HOT 다즐링 4g, 온수(95도) 400ml
ICE 다즐링 4g, 온수(95도) 150ml, 얼음 적당량

Recipe

Hot Tea

1   찻잔과 티포트, 서브 티포트에 온수를 부어 예열한다.

2   티포트의 예열 물을 버리고 계량한 찻잎을 담는다.

3   티포트에 온수를 세차게 붓고 3분간 우린다.

🍃 영국식으로 스트레이트 티를 우려 제공할 때는 가급적 1인당 2~3잔 정도의 분량을 제공하는
    것이 가장 이상적이다.

4   추출이 끝나면 스트레이너에 찻잎을 걸러 서브 티포트에 차를 담는다.

5   찻잔의 예열 물을 버리고 서브 티포트와 찻잔을 함께 낸다.

Ice Tea(급랭)

1 티포트에 온수를 부어 예열한 후 예열 물을 버린다.

2 티포트에 계량한 찻잎을 담는다.

3 티포트에 온수를 세차게 붓고 2분 30초간 우린다.

4 추출이 끝난 차를 스트레이너로 걸러 얼음 가득 담은 글라스에 붓는다.

5 잘 저어서 온도를 내린 후 부족한 얼음을 채운다.

TEA Master's TIP

클래식한 다즐링의 느낌을 찾을 경우 정파나 캐슬턴 다원의 중국종 차를 추천하며, 화사하고 개성이 강한 차를 찾고 싶은 경우 각 다원에서 특별한 이름을 붙여 판매하는 차(Fancy Named Tea)를 추천합니다(Fancy Named Tea는 때때로 Diamond나 Ruby처럼 보석의 이름을 차용하기도 합니다).

China Yunnan Raw Pu-erh Tea

중국 윈난성 보이생차

Hot/Ice | Straight Tea | Non-Alcohol

비에 젖은 낙엽, 풍부한 화이트 플라워 아로마가 오랫동안 여운을 남기는 보이생차

Profile	Aroma	Taste	Caffeine Level
	재스민, 풀 내음, 옅은 스모크	은은한 단맛과 감칠맛, 여린 쓴맛	높음

Note

보이생차는 습한 날씨보다는 조금 건조한 날씨에 발향이 더 잘되는 특성이 있어, 서늘한 바람이 불어오는 가을에 마시면 가장 매력적으로 즐길 수 있습니다. 특히 혼자 마시는 티타임에 잘 어울리는 풍미로 1인용 다구를 사용해 차에 온전히 집중하는 것도 좋습니다. 유리 소재 다구로 우리면 향기가 강하게 추출되고, 도자기 소재를 사용하면 부드럽고 밸런스가 좋게 추출되는 편이니 자신에게 맞는 취향의 도구를 사용해 주세요.

Making Time

중국식 브루잉으로 찻잎을 적시는 세차를 10초 한 후 1분, 1분 30초 시간을 늘려 추출

Cup

중국식 찻잔 또는 화이트 와인 글라스

Tool

HOT 도기 소재의 개완과 찻잔, 보이차 칼

ICE 도기 소재의 개완, 숙우, 아이스 텅, 보이차 칼

Ingredient

HOT 보이생차 4g(개완의 1/3), 1회 추출당 온수(90도) 150ml

ICE 보이생차 4g, 온수(90도) 150ml, 얼음 적당량

Recipe

Hot Tea

1   긴압(긴밀하게 압축)되어 있는 보이생차를 보이차 칼을 이용해 사용할 만
    큼만 해괴(찻잎 분리)한다.

2   개완과 찻잔을 예열한 후 예열 물을 버리고 찻잎을 담는다.

🍃   중국식으로 추출할 경우 찻잎은 사용하는 개완의 1/2~1/3 정도만 담아 추출하는 것이 가장 이
    상적이다.

3   온수를 천천히 붓고 10초가량 세차한다.

4   세차한 찻물은 찻잔 예열용으로 따른다.

5   온수를 붓고 1분간 차를 우린다.

6   찻잔의 예열 물을 버리고 차를 마시는데, 숙우가 없으므로 차를 다 마
    신 후 거듭 우려 마신다.

Ice Tea(칠링)

1   긴압되어 있는 보이생차를 보이차 칼을 이용해 사용할 만큼만 해괴한다.

2   개완과 찻잔을 예열한 후 예열 물을 버리고 찻잎을 담는다.

3   온수를 천천히 붓고 10초가량 세차 후 찻물을 버리고 새로 우린다.

4   2회 정도 차를 우려서 숙우에 차를 붓는다.

5   잔에 얼음을 가득 채운 후 우린 차를 부어 쿨링한다.

House Blending: Chrysanthemum Flower & Korea Jacksal Black Tea

하우스 블렌딩: 국화와 한국 잭살 홍차

Hot/Ice | Straight Tea | Non-Alcohol

단감처럼 깊고 풍부한 맛의 한국 잭살 홍차와 국화꽃차를 담은 우아한 블렌딩 티

Profile	Aroma	Taste	Caffeine Level
	국화, 목재, 단감	은은한 단맛과 신맛	높음

Note

경상남도 하동에서 전통적인 방식으로 생산하는 잭살차는 홍차의 한 종류로, 독특한 숙성 향과 단감의 풍미가 있어 따뜻한 느낌을 주는 차입니다. 여기에 안동 국화꽃차를 더하면 우아한 꽃향기의 여운이 길어져 가을에 어울리는 블렌딩 티가 됩니다. 이 차는 영국식 브루잉으로 우리면 밸런스가 좋으므로 가급적이면 차가 우러나는 과정을 감상할 수 있는 유리 티포트에 영국식으로 따뜻하게 우려 마시는 것을 추천합니다. 시원한 차로 마실 경우에는 급랭법을 활용해 화사한 향을 강하게 추출하는 것이 좋습니다.

Making Time

유리 티포트에 담아서 영국식 브루잉으로 3분 추출

Cup

찻잔, 하이볼 글라스

Tool

`HOT` 유리 티포트
`ICE` 유리 티포트, 스트레이너, 아이스 텅, 바 스푼

Ingredient

`HOT` 잭살 홍차 4g, 국화꽃차 1g, 온수(90도) 300ml
`ICE` 잭살 홍차 4g, 국화꽃차 1g, 온수(90도) 150ml, 얼음 적당량

Recipe

Hot Tea

1   잭살 홍차와 국화꽃차를 블렌딩해 찻잎을 준비한다.

2   예열한 티포트에 블렌딩한 찻잎을 담는다.

3   온수를 따른다.

4   3분 동안 우린 후 차를 따라 제공한다.

🍃   하우스 블렌딩은 영국식으로 추출하는 경우에도 2회까지 우리는 것이 가능하다.

Ice Tea(급랭)

1   잭살 홍차와 국화꽃차를 블렌딩해 찻잎을 준비한다.

2   예열한 티포트에 블렌딩한 찻잎을 담는다.

3   온수를 따른다.

4   글라스에 얼음을 가득 담고 우린 차를 스트레이너로 걸러 담는다.

5   바 스푼으로 잘 저어 쿨링하고 얼음이 부족한 경우 추가해 제공한다.

White Peony Tea & Fig Squash

백모단 무화과 스퀴시

Ice | Tea Cocktail | Alcohol

산뜻하고 부드러운 백차에 달콤하고 진한 향의 무화과를 더한 저도수 티 칵테일

Profile	Aroma	Taste	Caffeine Level
	무화과, 백미, 딜	은근한 단맛, 여린 신맛과 감칠맛	낮음

Note
진하고 달콤한 맛, 싱그럽고 부드러운 흙 내음이 매력적인 무화과는 가을에 먹을 수 있는 가장 매력적인 과일입니다. 제철 과일의 매력을 돋보이게 하고 싶을 때 백차를 사용하면 섬세한 뉘앙스를 표현하기 좋습니다. 이번에는 소주에 냉침한 백차와 급랭한 백차를 사용해 차를 2회 우린 것처럼 진한 풍미를 내서 무화과와 소주, 백모단으로 계절의 아름다움을 담은 청량한 스퀴시 티 칵테일을 만들어 봅니다.

Making Time
음료 메이킹 4분

Cup
하이볼 글라스

Tool
냉침 보틀, 계량컵, 탄산 주입기, 스트레이너, 지거, 셰이커, 바 스푼, 아이스 텅

Ingredient
`스피릿 인퓨징(약 4잔 분량)` 백모단 4g, 소주 200ml
`음료 메이킹` 백모단 4g, 온수(80도) 150ml, 무화과 퓌레 30ml, 설탕 시럽 10ml, 백모단 소주 45ml(1.5온스), 얼음 적당량, 무화과 1/2개, 딜 1줄기

Recipe

스피릿 인퓨징(백모단 소주)

1   냉침 보틀에 백모단을 담는다.

2   소주를 붓고 밀봉하여 실온에서 2시간 추출한다(추출한 소주는 반드시 찻
     잎을 거르고 냉장 보관 후 15일 이내에 전량 사용).

음료 메이킹

1   백모단을 온수에 3분간 우린 후 얼음 4개를 담아 차를 충분히 식힌다.

🍃   백차에 탄산을 주입할 경우에는 백차 추출 온도를 너무 높지 않게 설정해야 한다.

2   탄산 주입기에 1의 식힌 차를 스트레이너로 걸러 병입하고 탄산을 주
     입한다.

3   칠링한 셰이커에 무화과 퓌레와 설탕 시럽, 백모단 소주를 계량해 넣
     는다.

4   셰이커에 얼음을 가득 담고 셰이킹한다.

5   얼음을 가득 채운 글라스에 혼합 음료, 2의 백모단 탄산수를 순서대로
     붓는다.

6   무화과를 글라스 가장자리에 장식하고 딜을 올려 마무리한다.

TEA Master's TIP   무르기 쉬운 과일과 허브를 사용하는 음료의 경우 가니쉬 보관에 주의가 필요합니다. 가급
                    적이면 신선한 재료를 당일 사용할 양만큼만 손질해 준비하는 것이 좋습니다.

Jacksal Persimmon Milk Tea

잭살 홍시 밀크티

Ice | Milk Tea | Non-Alcohol

깊고 풍부한 맛의 한국 잭살 홍차와 부드럽고 달콤한 홍시 과육을 듬뿍 담은 밀크티

Profile	Aroma	Taste	Caffeine Level
	조청, 홍시, 오크우드	뭉근한 단맛, 여린 신맛, 미미한 쓴맛	높음

Note

잭살 홍차는 밝고 맑은 오렌지 색상과 더불어 조청과 단감 같은 뭉근한 단내와 삼나무의 속살에서 날 것 같은 나무 향이 매력적입니다. 진하게 우린 잭살 홍차가 주는 약간의 쌉쌀한 맛은 홍시의 은근한 단맛을 더욱 돋보이게 할 수 있답니다. 잭살 홍차를 진하게 끓여서 만든 하우스 메이드 티 베이스를 활용해 이번에는 선명한 주홍의 과육이 아름다운 아이스 밀크티를 만들어 봅니다.

Making Time

음료 메이킹 3분

Cup

브랜디 글라스

Tool

냄비, 바 스푼, 아이스 버킷, 스트레이너, 밀크 포머, 믹싱틴, 머들러, 냉침 보틀

Ingredient

`잭살 베이스(약 3잔 분량)` 잭살 홍차 10g, 온수(95도) 400ml, 설탕 60g
`음료 메이킹` 잭살 베이스 80ml, 우유 100ml, 생크림 30ml, 연유 10g, 홍시 50g, 재스민 1줄기, 얼음 적당량(아이스 버킷용)

Recipe

324

잭살 베이스

1   냄비에 잭살 홍차를 넣는다.

2   온수를 붓고 중약불에서 4분간 끓인다.

3   2에 설탕을 넣고 녹인다. 믹싱틴을 아이스 버킷에 넣고 우린 차를 스
     트레이너로 걸러 담는다.

4   아이스 버킷에서 드라이 칠링하고, 차갑게 식은 차는 냉침 보틀에 담
     아 냉장 보관한다(믹싱틴 안에 담긴 차를 바 스푼으로 떠서 손바닥에 떨어뜨렸을
     때 차가우면 충분히 식은 것이다).

음료 메이킹

1   믹싱틴에 홍시를 담고 머들러로 으깬다.

2   글라스에 으깬 홍시를 담는다.

3   밀크 포머에 차가운 우유와 만들어 둔 잭살 베이스를 담는다.

4   밀크 포머의 뚜껑을 닫고 상단 손잡이가 뻑뻑해지는 느낌이 들 때까지
    위아래로 펌핑하여 우유 거품을 만든다.

5   생크림과 연유를 미리 섞은 후 2의 홍시 위에 붓는다.

6   포밍한 우유를 붓는다.

7   재스민 줄기로 장식하고 마무리한다.

TEA Master's TIP

홍시는 생과일도 좋지만 품질의 편차를 줄일 수 있는 냉동 홍시를 추천합니다. 조각 형태로
판매하는 홍시를 사용하면 더욱 편리하게 만들 수 있습니다. 냉동 홍시는 당일 사용할 만큼
꺼내 미리 손질해 준비해 두면 음료 제조 시간을 줄일 수 있습니다.

Variation Tea Recipe

베리에이션 티 레시피

Daydream

데이드림

Ice | Tea Cocktail | Alcohol

히비스커스의 선명한 산미와 석류의 풍미가 어우러진 진 베이스의 티 칵테일

Profile	Aroma		Taste		Caffeine Level
	블랙베리, 복숭아, 주니퍼베리		부드러운 신맛과 단맛		해당 없음

Note
히비스커스 베이스에 복숭아와 코코넛이 블렌딩 된 알디프의 〈낮의 차〉를 진에 인퓨징하면 싱그러운 느낌이 더해져 허브를 따로 추가하지 않아도 산뜻한 풍미를 낼 수 있습니다. 크림과 달걀 흰자를 사용해 더욱 부드럽고 풍부한 과즙 풍미의 음료를 누구나 쉽게 마실 수 있는 레시피로 만들어 봅니다.

Making Time
음료 메이킹 5분

Cup
쿠페 글라스

Tool
냉침 보틀, 셰이커, 스트레이너, 지거, 아이스 텅, 스포이드, 칵테일 픽

Ingredient
〔스피릿 인퓨징(약 3잔 분량)〕 알디프 〈낮의 차〉 티백 2개, 런던 드라이 진 100ml
〔음료 메이킹〕 낮의 차 진 45ml(1온스), 그레나딘 시럽 15ml(0.5온스), 설탕 시럽 15ml(0.5온스), 생크림 15ml(0.5온스), 달걀 흰자 1개, 얼음 적당량, 그레나딘 시럽 4방울(가니쉬용)

스피릿 인퓨징(낮의 차 진)

1   냉침 보틀에 알디프의 〈낮의 차〉 티백을 담는다.

2   런던 드라이 진을 붓는다.

3   라벨링 후 냉장 보관한다(냉장에서 3주간 사용).

음료 메이킹

1   글라스에 얼음을 담아 칠링하고, 셰이커에 낮의 차 진, 그레나딘 시럽,
    설탕 시럽을 담는다.

2   1에 생크림을 붓는다.

3   셰이커에 달걀 흰자만 분리해 넣는다.

4   모든 재료가 잘 혼합될 수 있도록 얼음 없이 드라이 셰이킹을 40초가
    량 진행한 다음, 얼음을 추가해 20초가량 셰이킹한다.

🍃 크림과 달걀 흰자가 사용되는 음료를 오랫동안 드라이 셰이킹하기 어려울 경우에는 휴대용 우
    유 거품기로 20초가량 저은 다음 셰이킹을 진행해도 된다.

5   칠링한 글라스의 얼음을 버린 다음 4의 혼합 음료를 붓는다(거품이 충분
    히 글라스에 담길 수 있도록 담는다).

6   스포이드에 그레나딘 시럽을 담은 후, 음료의 흰 거품 표면 위에 1방
    울씩 균일하게 떨어뜨리고 칵테일 픽을 이용해 가장 첫 번째 시럽 방
    울부터 마지막 시럽까지 그어서 하트 모양을 만든다(첫 번째 시럽 방울의
    윗부분부터 시작해서 마지막 시럽 방울의 아랫면까지 그어야 한다).

TEA Master's TIP

히비스커스가 중심이 되는 블렌딩 티는 대부분 산성이 강해서 따뜻한 타입보다는 시원한
음료로 활용하는 것이 좋습니다. 분명한 맛을 내는 음료에 사용해 주세요.

Pumpkin Pu-erh Cream Tea

단호박 보이 크림티

Hot | Cream Tea | Non-Alcohol

진한 보이차에 달콤하고 부드러운 단호박 크림을 올린 크림 밀크티

Profile	Aroma	Taste	Caffeine Level
	단호박, 시나몬, 오크우드	부드럽고 지속적인 단맛과 여린 쓴맛	중간

Note

보이차는 생차와 숙차 두 가지 타입이 있는데, 크림티를 만들 땐 발효를 거쳐 맛과 향이 농후한 보이숙차가 더 적절합니다. 잘 익은 단호박이 듬뿍 들어간 호박 크림에 약간의 시나몬을 더하면 보이숙차의 삼나무와 카카오, 흙과 같은 향이 잘 어우러지면서 따뜻하고 온화한 느낌을 줄 수 있습니다. 여기에 시나몬을 사용한 비스킷을 가니쉬로 더해 식감도 맛도 풍부한 크림 밀크티를 만들어 봅니다.

Making Time

음료 메이킹 4분

Cup

고블릿 글라스

Tool

계량컵, 볼, 핸드믹서, 지거, 계량 스푼, 바 스푼, 스트레이너, 크림 스푼, 스패출러

Ingredient

`단호박 크림(약 8잔 분량)` 생크림 250ml, 우유 25ml, 단호박 파우더 80g, 시나몬 파우더 0.5티스푼

`음료 메이킹` 보이숙차 4g, 보이차 분말 0.5g, 시나몬 파우더 0.5g, 온수(95도) 150ml, 설탕 시럽 10ml, 우유 100ml, 연유 10g, 단호박 크림 40g, 비스코프 비스킷 2개

단호박 크림

1   볼에 생크림과 우유를 넣는다.

2   1에 단호박 파우더와 시나몬 파우더를 넣는다.

🍃   단호박 크림은 호박 페이스트를 활용하면 풍성한 맛을 낼 수 있지만, 무게가 무겁고 크림이 너무 되직해지는 단점이 있으니 가급적 단호박 파우더를 사용한다.

3   핸드믹서로 60~70% 정도 휘핑해 마무리한다(냉장 보관 후 24시간 이내 사용).

음료 메이킹

1   계량컵에 보이숙차와 보이차 분말, 시나몬 파우더를 차례로 넣고 온수를 부어 3분간 추출한다.

2   추출된 차를 스트레이너로 걸러 글라스에 붓는다.

3   글라스에 설탕 시럽을 넣는다.

4   전자레인지에 따뜻하게 데운 우유에 연유를 섞어 글라스에 담는다.

5   크림 스푼을 이용해서 단호박 크림을 글라스 위에 올린다.

6   비스코프 비스킷 1개를 부숴 글라스 위에 뿌리고, 나머지 1개는 크림 위에 비스듬하게 꽂아 장식한 후 마무리한다.

🍃   로투스 비스코프 비스킷은 미리 분태로 판매하는 제품이 있어 비스킷을 부숴 올리는 것이 부담스럽다면 로투스 비스코프 크럼블을 사용하는 것도 좋다.

TEA Master's TIP

과자류를 가니쉬로 사용할 경우 너무 장시간 음료 위에 올려두면 눅눅해서 오히려 식감을 떨어뜨릴 수 있습니다. 과자류 가니쉬는 음료를 제공하기 직전에 장식하는 것이 좋습니다.

Butterscotch Cream Milk Tea

버터스카치 크림 밀크티

Ice | Cream Tea | Non-Alcohol

직접 만든 녹진한 버터스카치와 실론 홍차를 가득 담은 크림 밀크티

Profile	Aroma	Taste	Caffeine Level
	버터스카치, 몰트, 우유	진한 단맛, 여린 쓴맛	낮음

Note

영국식 디저트 버터스카치는 버터와 설탕을 듬뿍 담아 녹진하고 진한 단맛을 지니고 있습니다. 보통은 로열 밀크티 타입으로 뜨거운 밀크티에 버터스카치를 녹여 먹는 경우가 많지만, 버터스카치 크림으로 만들어 차갑게 마셔도 기분전환에 좋은 디저트 티가 될 수 있습니다. 이번에는 홍차를 넣어 버터스카치 소스를 직접 만들고, 그 소스를 활용한 크림을 더해 차가운 크림 밀크티를 만들어 봅니다.

Making Time

음료 메이킹 2분

Cup

고블릿 글라스

Tool

냄비, 계량컵, 바 스푼, 지거, 아이스 텅, 볼, 핸드믹서, 크림 스푼, 아이스 버킷, 믹싱틴

Ingredient

홍차 버터스카치 소스(약 5잔 분량) 아크바 〈실론〉 티백 1개, 무염버터 30g, 생크림 100ml, 설탕 100g, 소금 0.5티스푼, 바닐라 익스트랙 0.5g

버터스카치 크림(약 5잔 분량) 아크바 〈실론〉 티백 5개, 온수(95도) 150ml, 홍차 버터스카치 소스 100g, 생크림 200ml, 우유 50ml

음료 메이킹 연유 15g, 우유 180ml, 버터스카치 크림 50g, 홍차 버터스카치 소스 적당량, 얼음 적당량

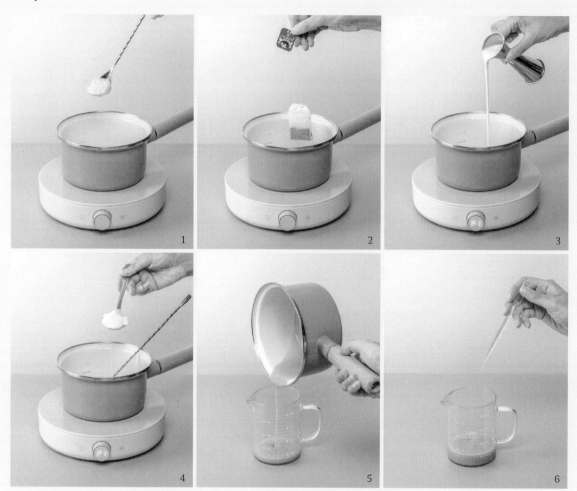

홍차 버터스카치 소스

1   냄비에 무염버터를 넣고 약불에서 녹인다.

2   버터가 반쯤 녹았을 때 아크바의 〈실론〉 티백을 넣는다.

🍃 티백의 태그는 제거하고 사용한다.

3   생크림을 넣고 섞어준다.

4   3에 설탕과 소금을 넣고 잘 녹여준다.

5   불을 끄고 계량컵(내열)에 소스를 옮겨 붓는다.

6   바닐라 익스트랙을 넣고 잘 섞은 후 밀봉하여 냉장 보관한다.

🍃 직접 만드는 것이 부담스럽다면 시판용 다빈치 버터스카치 소스를 활용해도 된다.

340

버터스카치 크림

1   계량컵에 아크바의 〈실론〉 티백을 넣고 온수를 부어 4분간 우린다.

2   볼에 홍차 버터스카치 소스를 계량해 담는다.

3   우린 차의 티백을 살짝 집게로 눌러서 쓴맛을 추출한 다음, 찻물을 믹
     싱틴에 담고 아이스 버킷에 넣어 드라이 칠링으로 충분히 식힌 후 볼
     에 옮겨 담고 바 스푼으로 잘 섞는다.

🌿   크림 휘핑에 차를 사용할 경우 충분히 식힌 다음 투입해야 한다.

4   생크림과 우유를 볼에 넣는다.

5   가벼운 질감이 나도록 핸드믹서로 잘 섞어 마무리한다.

음료 메이킹

1   글라스에 연유와 우유를 넣고 잘 섞는다.

🌿   더 진한 홍차의 풍미를 원할 경우 연유 15g 대신 아크바의 <실론 홍차 베이스> 20g을 넣는다.

2   얼음을 적당량 담는다.

3   미리 준비해 둔 버터스카치 크림을 담고 취향껏 버터스카치 소스를 올
     려 마무리한다.

Cinnamon Chai Einspänner

시나몬 차이 아인슈페너

Hot | Cream Milk Tea | Non-Alcohol

따뜻하고 알싸한 차이 밀크티에 생크림과 시나몬 스틱을 더한 부드럽고 달콤한 크림티

Profile	Aroma	Taste	Caffeine Level
	시나몬, 크림, 생강	진한 단맛, 여린 쓴맛	높음

Note	향신료와 홍차를 듬뿍 담아 냄비에 끓여 만드는 인도식 밀크티 차이는 어떤 향신료를 사용하는지에 따라 다양한 풍미를 낼 수 있습니다. 이번에는 생강과 시나몬의 풍미가 감도는 차이를 위해 생강, 시나몬, 팔각, 정향에 말린 사과 조각이 블렌딩된 알디프 〈바디 앤 소울〉, 아쌈 CTC 홍차와 잭살 홍차를 블렌딩한 〈리스 브렉퍼스트〉를 사용합니다. 생크림을 만들고 밀크티를 팔팔 끓여서 서늘한 가을에 어울릴 차이 아인슈페너를 만들어 봅니다.
Making Time	음료 메이킹 6분
Cup	유리 머그
Tool	냄비, 계량컵, 볼, 바 스푼, 지거, 핸드믹서, 크림 스푼, 리밍 접시
Ingredient	▪ 우유 크림(약 2잔 분량) 생크림 100ml, 우유 20ml, 설탕 10g ▪ 음료 메이킹 알디프 〈바디 앤 소울〉 티백 1개, 알디프 〈리스 브렉퍼스트〉 티백 1개, 온수(95도) 150ml, 우유 150ml, 설탕 12g, 시나몬 파우더 1g, 꿀 1티스푼, 우유 크림 40g(약 3~4스푼), 시나몬 스틱 1개

우유 크림

1   볼에 생크림과 우유, 설탕을 넣는다.

2   핸드믹서로 크림이 말랑한 질감이 될 때까지 혼합한다(냉장에서 24시간 이내 사용).

음료 메이킹

1   냄비에 온수를 붓고 알디프의 〈바디 앤 소울〉과 〈리스 브렉퍼스트〉 티백을 담아 중불에서 4분간 끓인다.

2   냄비에 우유를 붓고 2분간 데워준 후 음료가 따뜻해지면 설탕을 넣어 잘 녹이고 불을 끈다.

3   리밍 접시를 미리 준비해 시나몬 파우더와 꿀을 각각 담고, 머그의 손잡이 반대쪽 입구 절반에 꿀을 바르고 시나몬 파우더를 리밍한다.

🍃   머그에 시나몬 파우더를 리밍하기 위해서는 꿀을 사용한다.

4   2의 냄비에서 티백을 제거한 후 리밍한 머그에 끓인 밀크티를 붓는다.

5   크림 스푼을 이용해 우유 크림을 담아 준다.

6   우유 크림 위에 시나몬 파우더를 살짝 뿌리고 시나몬 스틱을 꽂아 마무리한다.

TEA Master's TIP

차이 밀크티에 홍차 대신 루이보스티를 넣으면 무카페인 차이 밀크티를 맛볼 수 있습니다. 카페인에 취약하다면 홍차 투입량의 1.5배 정도의 루이보스티를 사용해도 좋습니다.

Honey Ginger Phoenix Danchong Oolong Ade
허니 진저 봉황단총 에이드

Ice | Ade | Non-Alcohol

꽃향기가 진한 봉황단총 우롱에 달콤한 꿀과 레몬, 생강을 담아낸 우아한 무드의 티 에이드

Profile	Aroma	Taste	Caffeine Level
	꿀, 레몬, 생강	묵직한 단맛, 여린 신맛과 깔끔한 쓴맛	낮음

Note 중국 광둥성 조주시 봉황산에서 생산하는 봉황단총 우롱차는 특유의 진한 향 덕분에 베리에이션에 활용할 경우 강한 개성을 표현하기 좋습니다. 특히 꽃향기가 풍부해서 과일이랑 매칭하면 시너지가 있는데, 시트러스 과일인 레몬을 활용하면 이 차의 산미와 쓴맛이 부담스럽지 않고 신선한 느낌으로 응용될 수 있습니다. 이번에는 레몬과 생강 향을 지닌 샷 레몬 진저 시럽, 그리고 아카시아 꿀을 활용해 가을에 어울리는 진한 맛의 에이드를 만들어 봅니다.

Making Time 음료 메이킹 5분

Cup 스템 비어 글라스

Tool 계량컵, 허니 스틱, 바 스푼, 지거, 아이스 텅, 스트레이너, 탄산 주입기

Ingredient 봉황단총 6g, 온수(90도) 150ml, 아카시아 꿀 5g, 샷 레몬 진저 시럽 30ml, 얼음 적당량, 세이지 1줄기

1   계량컵에 봉황단총을 넣고 온수를 부어 3분간 우린다.

2   차가 우러나는 동안 글라스에 아카시아 꿀을 먼저 넣는다.

🍃   아카시아 꿀 대신 사양벌꿀, 잡화꿀은 사용해도 좋으나 밤꿀은 쓴맛이 과해질 수 있어 피하는
     것이 좋다.

3   샷 레몬 진저 시럽을 계량해 2에 담는다.

4   바 스푼으로 뭉친 곳 없게 잘 풀어준다.

5   차를 우린 후 얼음을 4~5개 담아 충분히 쿨링한다.

6   탄산 주입기에 깨끗이 거른 차를 옮기고 탄산을 주입한다.

7   글라스에 얼음을 가득 담는다.

8   탄산을 주입한 6의 봉황단총 차를 채운다.

9   세이지 잎을 글라스 중앙에 장식하여 마무리한다.

TEA Master's TIP

봉황단총처럼 추출 시간이 길수록 쓴맛이 강하게 나타나는 차들은 당도가 높은 재료를 혼
합해 달콤 쌉싸래한 느낌을 줄 수 있습니다. 음료에 개성을 강조하고 싶을 때 추출 시간을
4~5분가량으로 맞추면 도움이 됩니다.

Peanut Hoji Vegan Milk Tea

피넛 호지 비건 밀크티

Hot | Milk Tea | Non-Alcohol

구수한 호지차에 땅콩을 더해 진하고 고소한 풍미가 가득한 비건 밀크티

Profile	Aroma	Taste	Caffeine Level
	땅콩, 볶은 현미, 율무	부드러운 단맛, 매우 여린 짠맛	낮음

Note　녹차를 로스팅해서 만든 호지차로 로열 밀크티를 끓이게 되면 특유의 고소한 향 덕분에 차에 익숙하지 않은 사람도 편하게 마실 수 있습니다. 두유를 사용한 비건 밀크티는 특유의 콩 향이 강하지만, 호지차와 땅콩버터를 사용하면 곡물과 견과류의 고소한 풍미가 콩 향의 부담스러움을 덜어주고 보디감과 단맛이 있어 든든하게 마실 수 있는 밀크티가 됩니다. 이 책에서는 가을밤의 쌀쌀함을 한 번에 날려줄 따뜻한 밀크티로 만들어 봅니다.

Making Time　음료 메이킹 5분

Cup　도자기 티컵 앤 소서

Tool　냄비, 스트레이너, 밀크 포머, 바 스푼, 티스푼, 크림 스푼

Ingredient　호지차 5g, 온수(95도) 100ml, 땅콩버터 15g, 무가당 두유 190ml, 설탕 13g, 땅콩 분태 1티스푼

1   냄비에 호지차를 넣고 15초간 약불에 살짝 덖는다.

2   온수를 붓고 중불에서 1분간 끓인다.

3   땅콩버터를 넣고 잘 으깨서 풀어준다.

4   두유를 넣고 4분간 중약불로 팔팔 끓인다.

5   불을 끄고 설탕을 넣어 잘 녹인다.

🍃   무가당 두유가 아닌 일반 두유를 사용할 경우 설탕을 1/2로 줄인다.

6   스트레이너(이중망 아닌 스트레이너)로 차를 거르고 절반은 잔에 담는다.

7   남은 절반의 차를 밀크 포머에 담고 거품을 낸다.

8   잔에 포밍한 두유를 따른 후 두유 거품을 올린다.

9   거품 위에 땅콩 분태를 올려 마무리한다.

TEA Master's TIP

호지차를 로열 밀크티 방식으로 만들 때 냄비에 찻잎을 살짝 덖어주면 더욱 풍성한 아로마의 음료를 만들 수 있습니다.

Honeybush Ginger Highball

허니부쉬 진저 하이볼

Ice | Tea Cocktail | Alcohol

허니부쉬의 달콤한 풍미와 진저에일의 청량함을 담은 버번 위스키 하이볼

Profile	Aroma	Taste	Caffeine Level
	자몽, 꿀, 생강	부드러운 단맛과 여린 신맛	없음

Note
남아프리카공화국의 허니부쉬는 천연의 꿀 향기 덕분에 허니부쉬라는 이름을 가지게 된 덤불과 식물입니다. 독특한 꿀 향과 더불어 단맛과 섬세한 신맛이 돋보이는 이 허브는 시원한 음료에 잘 어울립니다. 이번에는 버번 위스키에 허니부쉬 블렌딩 티인 알디프의 〈비포선셋〉을 냉침하고, 진저에일을 담아 달콤한 위스키 하이볼로 기획했습니다. 가을밤에 부담 없이 마시기 좋은 저도수의 티 칵테일을 만들어 봅니다.

Making Time
음료 메이킹 2분

Cup
하이볼 글라스

Tool
냉침 보틀, 지거, 아이스 텅, 바 스푼

Ingredient
`스피릿 인퓨징(약 3잔 분량)` 알디프 〈비포선셋〉 티백 1개, 버번 위스키 100ml
`음료 메이킹` 허니부쉬 위스키 30ml(1온스), 진저에일 1캔, 얼음 적당량, 레몬 슬라이스 1개, 애플민트 1줄기

스피릿 인퓨징(허니부쉬 위스키)

1   냉침 보틀에 알디프의 〈비포선셋〉 티백을 담는다.

2   버번 위스키를 붓고 실온에서 4시간 냉침한다.

3   실온 냉침 후 라벨링해 냉장 보관한다.

음료 메이킹

1   글라스에 얼음을 담는다.

2   허니부쉬 위스키를 넣는다.

3   2에 진저에일을 위스키의 3~4배가량 붓는다.

🍃   진저에일은 캐나다드라이 진저에일을 사용하면 허니부쉬와 잘 어울린다.

4   레몬 슬라이스와 애플민트로 장식해 마무리한다.

TEA Master's TIP

이번 레시피의 하이볼에서 단맛을 제외하고 싶다면 진저에일 대신 탄산수를 사용하는 것이 좋습니다. 가향 탄산수를 사용할 경우 레몬 탄산수가 가장 잘 어울리며, 이때 레몬 필을 활용하면 풍성한 향을 즐길 수 있습니다.

Keemun Milk Tea with Sesame Oil

기문홍차 참기름 밀크티

Hot | Milk Tea | Non-Alcohol

깊고 풍부한 보디감과 스모크 향을 지닌 기문홍차에 고소한 참기름을 더한 동양풍 밀크티

Profile	Aroma	Taste	Caffeine Level
	스모크, 참기름, 우유	부드러운 단맛, 매우 여린 짠맛	높음

Note

중국 안후이성의 명차로 알려진 기문홍차는 심홍색의 붉은 수색과 함께 깊고 풍부한 보디감과 특유의 난꽃 향으로 유명합니다. 기문이 가진 특유의 짙은 풍미는 우유와 혼합하면 더욱 동양적인 정취를 자아내는데, 여기에 참기름을 몇 방울 더하면 고소한 향 뒤로 스모크 풍미가 더해지면서 새벽 안개와 어울리는 아침용 밀크티가 완성됩니다. 이번에는 아침을 따뜻하게 깨워 줄 동양풍의 밀크티를 만들어 봅니다.

Making Time

음료 메이킹 6분

Cup

도자기 티컵 앤 소서

Tool

계량컵, 스트레이너, 밀크 포머, 바 스푼, 크림 스푼, 스포이드

Ingredient

기문홍차 5g, 온수(95도) 100ml, 우유 150ml, 설탕 13g, 참기름 4방울, 소금 0.1g

1   계량컵에 기문홍차를 넣고 온수를 부어 5분간 추출한다.

2   우유에 소금을 넣고 전자레인지에 따뜻하게 데운다.

3   다 우린 홍차에 설탕을 넣고 잘 녹여준다.

4   티컵에 3의 우린 차를 걸러 담고 2의 우유를 절반 붓는다.

5   남은 우유는 밀크 포머에 담아 거품을 낸다.

6   티컵에 우유 거품을 얹는다.

7   티컵 가장자리에 시계 방향으로 참기름을 4방울 정도 떨어뜨려 마무리한다(참기름은 취향에 따라 2방울 정도로 가감할 수 있다).

🍃 참기름은 스포이드를 이용해 1방울씩 떨어뜨려 사용한다.

TEA Master's TIP

참기름처럼 향이 지배적인 부재료는 가급적이면 소량만 사용하는 것이 좋습니다.

Marron Oolong Cream Tea

단밤 우롱 크림티

Hot | Cream Tea | Non-Alcohol

고소한 흑우롱에 시그니처 밤 크림을 더해 은은한 단맛이 매력적인 시즌 크림티

Profile	Aroma	Taste	Caffeine Level
	삶은 밤, 볶은 보리, 헤이즐넛	부드러운 단맛, 매우 여린 신맛	중간

Note

타이완 남쪽의 평지에서는 산화도가 높은 흑우롱을 생산합니다. 이 차는 고소한 맛과 더불어 여린 산미도 있어서 우유나 크림을 더하면 유제품의 풍미를 더 진하게 만들어 주는 장점이 있습니다. 그래서인지 타이완 현지에서는 흑우롱 밀크티를 자주 볼 수 있답니다. 이번에는 가을에 어울리는 밤을 듬뿍 담아 시그니처 크림을 만들고, 흑우롱을 더해서 가을의 풍미를 담은 크림티를 만들어 봅니다.

Making Time

음료 메이킹 4분

Cup

고블릿 글라스

Tool

계량컵, 볼, 핸드믹서, 바 스푼, 크림 스푼, 스패츌러, 스트레이너, 지거

Ingredient

밤 크림(약 4~5회 분량) 우유 50ml, 생크림 250ml, 설탕 5g, 밤 페이스트 2테이블스푼

음료 메이킹 흑우롱 5g, 온수(95도) 150ml, 헤이즐넛 시럽 15ml, 밤 크림 40~50g, 맛밤 1개

밤 크림

1   볼에 우유와 생크림, 설탕, 밤 페이스트를 담는다.

2   핸드믹서를 이용해 풀어준다.

3   60% 정도 굳어서 크림의 표면에 휘핑기 잔상이 남는 것이 보이면 멈춘다(냉장에서 24시간 이내 사용).

🍃   밤 크림은 냉장 보관 시 굳는 경향이 있으니 너무 단단하게 만들지 않는 것이 좋다.

음료 메이킹

1   계량컵에 흑우롱을 넣고 온수를 부어 4분간 우린다.

2   글라스에 헤이즐넛 시럽을 담는다.

3   2에 다 우린 차를 스트레이너로 걸러 붓는다.

4   크림 스푼과 스패츌러를 이용해 밤 크림을 담는다.

5   맛밤을 크림 위에 올려 장식하고 마무리한다.

TEA Master's TIP

밤 크림을 만들 때는 밤 파우더보다는 밤 페이스트를 사용하는 것이 더욱 깊은 맛을 내기에 좋습니다.

Chrysanthemum Yuzu Highball

국화 유자 하이볼

Ice | Tea Cocktail | Alcohol

안동 국화꽃차와 하동의 잭살 홍차 블렌딩에 고흥 유자와 화요 소주를 더해 한국적인 정취를 담은 하이볼

Profile	Aroma	Taste		Caffeine Level
	국화, 유자, 오렌지	청량하고 가벼운 단맛, 미미한 쓴맛		중간

Note

가을을 대표하는 꽃 국화는 진한 향기와 깔끔한 단맛을 지닌 개성이 강한 재료입니다. 그래서 한국의 화요나 타이완의 금문 고량주에 활용하면 독특한 동양풍의 하이볼을 만들기 좋습니다. 여기에 유자를 활용해 동양적인 시트러스를 담아보면 깔끔하고 청량한 풍미를 더욱 잘 드러낼 수 있게 됩니다. 이번에는 하우스 블렌드인 〈국화와 한국 잭살 홍차〉(315쪽 참조)에 화요, 오렌지 필을 활용한 동양풍의 하이볼을 만들어 봅니다.

Making Time

음료 메이킹 3분

Cup

하이볼 글라스

Tool

냉침 보틀, 믹싱 글라스, 지거, 바 스푼, 스트레이너, 아이스 텅

Ingredient

〔스피릿 인퓨징(약 2잔 분량)〕 잭살 홍차 4g, 국화꽃차 1g, 화요 25도 100ml

〔음료 메이킹〕 유자청 1.5테이블스푼, 잭살 화요 45ml(1.5온스), 토닉워터 1캔, 오렌지 슬라이스 1개, 오렌지 필(껍질) 1개, 재스민 1줄기, 얼음 적당량

스피릿 인퓨징(잭살 화요)

1   냉침 보틀에 잭살 홍차와 국화꽃차를 담는다.

2   화요 소주를 붓는다.

3   30분간 실온 추출 후 라벨링하여 냉장 보관한다(냉장에서 3주 이내 사용).

음료 메이킹

1   칠링한 믹싱 글라스에 잭살 화요와 유자청을 넣고 바 스푼으로 잘 섞는다.

2   글라스에 얼음을 가득 담는다.

3   2에 믹싱 글라스의 혼합물을 넣는다.

4   토닉워터를 150ml가량 채운다.

5   오렌지 필을 손으로 비틀어 껍질 속의 향기 물질을 글라스 위에 2~3회 정도 분사한다.

6   오렌지 슬라이스와 재스민으로 장식하고 마무리한다.

🍃   단맛이 더 필요한 경우에는 유자청을 0.5테이블스푼 증량하고, 그보다 더 단맛을 원한다면 설탕 시럽을 1티스푼씩 추가한다.

~
TEA Master's TIP

국화꽃차는 다양한 지역에서 다양한 수종으로 만들고 있습니다. 타이완이나 중국의 술을 사용할 땐 중국 곤륜산의 설국을, 한국의 술을 사용할 땐 안동에서 만든 금국차를 사용하면 지역적 특성이 잘 어우러지면서 서로 향이 보완되기도 합니다. 무알코올 하이볼을 원하는 경우에는 술 대신 물에 냉침하되 냉장에서 최소 10시간 이상 냉침하는 것이 좋습니다.

Decaffeinated Russian Black Tea

디카페인 러시안 블랙티

Hot | Classic Tea | Non-Alcohol

진하게 우린 홍차와 마멀레이드 잼을 함께 즐기는 러시아 스타일의 클래식 레시피

Profile	Aroma	Taste	Caffeine Level
	바닐라, 우드, 오렌지	진한 단맛, 부드러운 쓴맛	해당 없음

Note

계절이 깊어져 차가운 바람이 느껴질 때 러시아에서 마시는 홍차처럼 뜨겁고 진하게 우려서 마멀레이드 잼을 곁들이면 달콤한 맛 뒤로 오는 쓸쓸한 차 덕분에 즐겁게 기분전환을 할 수 있습니다. 취향에 따라 살구 잼으로 즐겨도 좋은데, 잼에 스미노프 보드카를 한 티스푼 정도 더해 섞으면 이국적인 티타임이 완성됩니다. 좋아하는 찻잔을 준비하고 마음에 드는 잼도 같이 꺼내 디카페인 홍차 아일레스 티 〈티타임〉과 함께 러시안 블랙티를 만들어 봅니다.

Making Time

음료 메이킹 3분

Cup

도자기 티컵 앤 소서

Tool

티포트, 라마킨(잼 그릇), 계량 스푼, 티스푼

Ingredient

아일레스 티 〈티타임〉 티백 2개, 온수(95도) 350ml, 마멀레이드 잼 1~2테이블스푼(약 15~20g), 스미노프 보드카 5~10ml(취향껏)

1   예열한 티포트에 아일레스 티의 〈티타임〉 티백을 담는다.

2   티포트에 온수를 붓고 3분간 우린다.

3   차가 우러나는 동안 라마킨(잼 그릇)에 마멀레이드 잼을 1~2테이블스푼 정도 담는다. 취향에 따라 보드카를 추가해 섞는다.

4   티컵을 예열한다.

5   티포트에서 티백을 제거한다.

6   티컵의 예열 물을 버리고 차를 따른다.

7   티스푼과 티컵, 티포트, 잼을 한 번에 세팅한 다음 잼을 먼저 먹고 차를 마신다.

🍃   오렌지 필이 있다면 취향에 맞게 비틀어 분사하고 림에 발라주면 더욱 화사한 향으로 즐길 수 있다.

TEA Master's TIP

가능하다면 피낭시에나 마들렌 같은 구움과자를 함께 곁들여 풍성한 티타임으로 구성해도 좋습니다. 러시아에서는 사모바르라고 하는 온열기에 찻주전자를 올려두고 찻잎을 계속 우려서 음용하는데, 한국의 물은 러시아보다 차의 추출이 더 강하게 되는 편이라 가급적이면 입자가 작은 홍차 잎을 계속 담은 상태로 티를 마시는 것은 삼가는 편이 좋습니다. 진한 차를 위해 우리는 시간은 3분으로 하되 투입하는 차의 양을 늘려주세요.

Passion Fruit Black Refresher

패션프루트 블랙티 리프레셔

Ice | Ade | Non-Alcohol

싱그러운 다즐링과 패션프루트 과즙을 가득 담아 만든 새콤한 티 에이드

Profile	Aroma	Taste	Caffeine Level
	패션프루트, 피치, 스타푸르트	분명한 신맛과 단맛	중간

Note 인도 다즐링 홍차는 섬세하고 싱그러운 풍미를 지녀 에이드에 활용하기 좋습니다. 특히 가을에 수확한 패션프루트의 산뜻한 신맛과 진한 단맛을 블렌딩하면 다즐링의 섬세함과 어우러져 과수원에 온 듯한 신선한 느낌을 줄 수 있습니다. 이번에는 제이슨 티의 〈다즐링〉 티백을 가볍게 우려서 티 탄산수를 만들고, 패션프루트와 피치를 더하는 아주 간단한 음료를 만들어 봅니다.

Making Time 음료 메이킹 4분

Cup 고블릿 글라스

Tool 계량컵, 계량 스푼, 지거, 아이스 텅, 바 스푼, 탄산 주입기

Ingredient 제이슨 티 〈다즐링〉 티백 2개, 온수(95도) 100ml, 패션푸르트 퓌레 30g, 피치 시럽 10ml, 얼음 적당량, 타임 1줄기

Recipe

1   계량컵에 제이슨 티의 〈다즐링〉 티백을 넣고 온수를 부어 3분간 추출한다.

2   차가 우러나는 동안 글라스에 얼음을 가득 담아 둔다.

3   얼음을 채운 글라스에 패션푸르트 퓌레와 피치 시럽을 넣는다.

🍃   더 높은 당도를 원할 때는 패션푸르트 퓌레를 증량한다. 패션프루트 과육과 당이 들어간 퓌레를 사용하는 것이 좋은데 여의치 않을 경우 청이나 소스를 사용해도 된다. 냉동 생과를 사용할 경우 설탕 시럽을 20g 이상 함께 투입하는 것을 추천한다.

4   다 우러난 차에 얼음 3~4개(40g)를 넣어 쿨링한다.

5   탄산 주입기에 쿨링한 다즐링 티를 넣고 탄산을 강하게 주입한다.

6   글라스에 탄산을 주입한 다즐링 티를 채운다(약 150~180ml).

7   타임으로 장식해 마무리한다.

TEA Master's TIP

차를 우려 탄산을 주입할 때에는 너무 진하지 않게 우려야 쓰고 떫은맛이 도드라지지 않습니다. 적정한 농도를 유지했을 경우에는 청량하지만 과하게 추출하면 아무리 단맛을 더해도 떫은맛이 사라지지 않습니다.

Darjeeling Bee's Knees

다즐링 비-즈니스

Ice | Tea Cocktail | Alcohol

신선한 레몬과 꿀, 그리고 다즐링 홍차를 차갑게 우려낸 드라이 진을 담아 만든 비-즈니스 티 칵테일

Profile	Aroma	Taste	Caffeine Level
	무스카텔, 허니, 레몬	은은한 신맛, 여린 쓴맛	중간

Note

1920년대 금주법 시대에 비즈니스(Bee's Knees)는 당시 '최고'를 의미하던 속어였다고 합니다. 드라이 진, 꿀, 레몬 주스를 섞어 만드는 것으로도 충분히 리프레시가 되었던 그 시절 사람들은 이 칵테일에 최고라는 이름을 주었지요. 이번 음료는 사실 어떤 꿀을 사용하는지에 따라서 풍미가 꽤 달라질 수 있습니다. 좋아하는 꽃의 이름이 언급된 꿀을 사용하고 다즐링을 차갑게 우려낸 진과 함께 섞어 취향에 맞춘 비-즈니스 칵테일을 만들어 봅니다.

Making Time

음료 메이킹 4분

Cup

칵테일 글라스

Tool

계량컵, 시럽 보틀, 냉침 보틀, 셰이커, 지거, 바 스푼, 아이스 텅, 스퀴저, 허니 스틱

Ingredient

허니 시럽(약 7~8잔 분량) 벌꿀 100g(밤꿀, 사양벌꿀 제외), 온수(60도) 100ml

스피릿 인퓨징(약 5~6잔 분량) 다즐링 10g, 런던 드라이 진 500ml

음료 메이킹 허니 시럽 25ml(0.75온스), 다즐링 진 60ml(2온스), 레몬 1/2개, 레몬 필(껍질) 1개(가니쉬용), 딜 1줄기, 얼음 적당량

Recipe

1

2

1

2

3

허니 시럽

1   셰이커에 벌꿀과 온수(60도)를 넣고 잘 녹인다.
2   병입하여 라벨링 후 냉장 보관한다(반드시 냉장 보관하며 1주일 이내에 전량 소진).

스피릿 인퓨징(다즐링 진)

1   계량컵에 다즐링을 담는다.
2   1에 런던 드라이 진을 넣고 실온에서 30분간 냉침한다.
3   찻잎을 걸러내고 병입하여 냉장 보관한다(냉장에서 3주간 사용).

음료 메이킹

1   글라스에 얼음을 담고 칠링한다.

2   셰이커에 얼음을 가득 담는다.

3   스퀴저에 레몬 1/2개를 넣고 착즙한 레몬즙(약 15ml)을 셰이커에 담는다.

4   3에 허니 시럽과 다즐링 진을 넣는다.

5   4를 셰이킹한다.

6   글라스의 칠링 얼음을 제거하고 혼합 음료를 붓는다.

7   글라스 위에서 레몬 필을 비틀어 향기 성분을 2~3회 정도 분사한다.

8   딜로 장식해 마무리한다.

TEA Master's TIP

사용하게 될 다즐링 차의 등급이 높을수록 더욱 복합적인 풍미를 지니게 되지만, 시즌에 따라 품질 차이가 있는 다원급 차를 사용하기 부담스러울 경우 제이슨 티의 <다즐링>을 사용하면 음료 퀄리티 컨트롤이 용이할 수 있습니다.

Kahlua Rooibos Milk

깔루아 루이보스 밀크

Ice | Tea Cocktail | Alcohol

진하고 달콤한 커피 리큐어에 루이보스의 묵직함이 더해진 부드러운 밀크 칵테일

Profile	Aroma	Taste	Caffeine Level
	오크우드, 커피, 우유	진한 단맛, 여린 신맛	해당 없음

Note   깔루아 밀크는 칵테일을 잘 모르는 사람도 알 수 있을 정도로 유명한 레시피로, 커피 리큐어인 깔루아에 우유를 적정비율로 믹싱해서 만드는 저도수 칵테일입니다. 의외로 밀크티에 깔루아를 더하면 독특한 느낌으로 활용이 가능한데, 커피 리큐어의 진한 맛을 커버하려면 루이보스같이 맛이 분명한 허브를 사용해야 합니다. 이번에는 묵직한 보디감을 지닌 레드 루이보스를 활용해 보다 깊고 풍성한 맛의 깔루아 밀크티를 만들어 봅니다.

Making Time   음료 메이킹 2분

Cup   올드패션드 글라스

Tool   냉침 보틀, 바 스푼, 지거, 아이스 텅

Ingredient   루이보스 냉침 밀크티(약 2잔 분량) 아크바 〈루이보스〉 티백 3개, 온수(95도) 50ml, 우유 400ml 음료 메이킹 깔루아 30ml(1온스), 루이보스 냉침 밀크티 200ml, 얼음 적당량

루이보스 냉침 밀크티

1   냉침 보틀에 아크바의 〈루이보스〉 티백을 담는다.

2   1에 온수를 붓고 3분간 우린다.

3   냉침 보틀에 우유를 붓는다.

4   라벨링 후 밀봉하여 냉장에서 숙성한다(약 8~12시간).

음료 메이킹

1   칠링한 글라스에 깔루아를 넣는다.

🍃   취향에 따라 깔루아 양은 10ml씩 가감해도 좋다.

2   글라스에 얼음을 적당량 채운다.

3   준비해 둔 루이보스 냉침 밀크티를 담아 마무리한다.

TEA Master's TIP

냉침 밀크티는 우선 물을 더해서 찻잎에서 유효한 성분들이 충분히 추출되게 한 다음 우유를 더해야 본연의 맛을 강하게 낼 수 있습니다. 찻잎에 우유만 담으면 맛은 추출되지 않고 향기만 추출되어 향기 나는 우유 정도의 연한 밀크티가 됩니다.

Salted Caramel Oolong Milk Tea

솔트 캐러멜 우롱 밀크티

Hot | Milk Tea | Non-Alcohol

고소하고 깔끔한 맛의 우롱차에 달콤한 캐러멜 소스를 듬뿍 담아 만든 가을 로열 밀크티

Profile	Aroma	Taste	Caffeine Level
	크림, 캐러멜, 우드	부드럽고 진한 단맛, 은은한 짠맛	중간

Note

알디프의 〈밀키 애프터이미지〉는 우유 향을 담은 우롱차로 밀크티로 활용하기 좋습니다. 특히 아쌈 CTC 홍차와 블렌딩해 로열 밀크티 방식으로 진하게 끓이면 우롱차가 가진 우아하고 부드러운 풍미가 홍차와 섞이면서 흔하지 않은 느낌을 줄 수 있습니다. 진한 로열 밀크티에 솔트 캐러멜 시럽과 생크림을 추가하면 스위츠 풍미가 진해져 풍성한 단맛을 가진 음료가 됩니다. 늦가을의 서늘한 날씨에도 포근한 느낌을 줄 수 있도록 따뜻한 밀크티를 만들어 봅니다.

Making Time

음료 메이킹 10분

Cup

텀블러 글라스

Tool

볼, 핸드믹서, 냄비, 스트레이너, 계량컵, 크림 스푼, 지거, 바 스푼, 스패출러

Ingredient

`우유 크림(약 2잔 분량)` 생크림 100ml, 우유 20ml, 설탕 10g

`음료 메이킹` 알디프 〈밀키 애프터이미지〉 4g, 아쌈 CTC 홍차 2g, 온수(95도) 150ml, 우유 150ml, 설탕 5g, 소금 한 꼬집, 샷 솔트 캐러멜 시럽 15ml, 생크림 30ml, 기라델리 솔트 캐러멜 소스 적당량, 우롱 찻잎(가니쉬용) 한 꼬집

Recipe

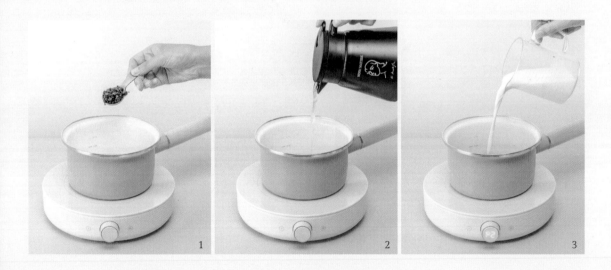

우유 크림

1   볼에 생크림과 우유, 설탕을 넣는다.

2   핸드믹서로 크림이 60% 정도 경화될 때까지 혼합해서 말랑한 질감으로 만든다(열탕 소독한 병에 밀봉해 냉장 보관하고 24시간 이내 모두 소진).

음료 메이킹

1   냄비에 알디프의 〈밀키 애프터이미지〉와 아쌈 CTC 홍차를 넣는다.

2   온수를 붓고 중약불에서 5분간 끓인다.

3   차가 진하게 우러나면 우유를 넣고 약불로 2분간 데운다.

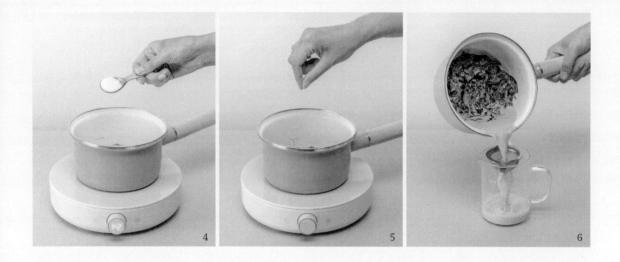

4   데우는 동안 설탕을 넣고 잘 섞는다.

5   소금을 한 꼬집 추가하고 우유에 기포가 생기기 시작하면 불을 끈다.

6   5를 스트레이너에 걸러 찻잎을 제거하고 내열유리 계량컵에 붓는다.

7   글라스에 6의 끓인 로열 밀크티를 옮겨 담는다.

8   밀크티에 샷 솔트 캐러멜 시럽을 넣고 우유 크림을 올린다.

9   우유 크림 위에 솔트 캐러멜 소스를 토밍하고 우롱 찻잎을 뿌려 마무
     리한다.

TEA Master's TIP

끓이는 밀크티는 시간과 노력이 들어가는 만큼 미리 준비해 두는 편이 좋습니다. 이 책의 레
시피에서 냄비에 끓이는 로열 밀크티를 필요한 만큼 배수로 만들어 냉장 보관해 두었다가
마시기 직전에 전자레인지나 냄비에 데워서 크림을 올려 마무리하면 시간을 절약할 수 있
습니다. 이때 준비해 둔 밀크티는 반드시 열탕 소독한 병에 담아 보관해야 하며 30시간 안
에 모두 소진해야 합니다.

China Garden Ice Tea

차이나 가든 아이스티

Ice | Tea Mocktail | Non-Alcohol

우아한 기문홍차에 달콤한 리치를 더해 깊고 풍부한 홍차 본연의 풍미를 살린 깔끔한 아이스티

Profile	Aroma	Taste	Caffeine Level
	리치, 난초, 아니스	은은한 단맛, 여린 쓴맛	중간

Note 기문홍차로 만든 음료는 탄산을 더해도 제법 묵직한 뉘앙스가 있어서 더운 날 보다는 가을에 음용하기 좋습니다. 이번에는 동양풍의 보태니컬 티 목테일을 상상하면서 기문홍차를 진하게 우려 만든 티 시럽에 당나라 미인 양귀비가 좋아하던 과일 리치와 중화요리에서 많이 사용하는 스타아니스(팔각)를 사용해 난초, 리치, 팔각의 아로마를 담은 티 드링크를 만들어 봅니다.

Making Time 음료 메이킹 4분

Cup 브랜디 글라스

Tool 냄비, 시럽 보틀, 계량컵, 바 스푼, 계량 스푼, 지거, 핀셋, 아이스 텅

Ingredient `기문 시럽 (약 8잔 분량)` 기문홍차 5g, 온수(95도) 250ml, 설탕 130g
`음료 메이킹` 기문홍차 3g, 온수(95도) 80ml, 기문 시럽 30g, 리치 시럽 5g, 얼음 적당량, 토닉워터 1캔, 스타아니스 1개, 타임 1줄기

기문 시럽

1   냄비에 기문홍차를 넣고 온수를 붓는다.

2   중약불에서 4분간 끓인 후 설탕을 넣고 잘 녹인다.

3   식힌 후 병입하여 라벨링 후 냉장 보관한다(냉장에서 3주 이내 사용).

음료 메이킹

1   계량컵에 기문홍차를 넣고 온수를 부어 3분간 우린다. 차를 우리는 동
     안 글라스에 얼음을 담는다.

2   글라스에 기문 시럽과 리치 시럽을 넣는다.

3   우린 차에 얼음 1개를 넣고 쿨링한다.

4   2에 토닉워터를 80ml가량 붓는다.

✎   탄산이 있는 토닉워터를 소량 첨가할 때 음료의 전반적인 무게감이 균형 있게 완성된다. 음료
     의 밸런스 조정을 위해 탄산이 첨가되는 것이라 탄산감이 강한 음료가 필요하면 우린 기문홍차
     에 탄산을 주입한다.

5   글라스에 3의 쿨링한 기문홍차를 채운다.

6   타임과 스타아니스로 장식해 마무리한다.

TEA Master's TIP

가니쉬로 사용할 스타아니스를 너무 장시간 음료에 담가두면 차의 섬세함을 압도하는 스파
이스 풍미가 나타나게 됩니다. 가급적이면 가니쉬는 음료 제공 직전에 장식해 주세요.

Apple Cinnamon Toddy

애플 시나몬 토디

Hot | Tea Cocktail | Alcohol

상큼한 사과와 히비스커스에 시나몬과 약간의 위스키를 더한 따뜻한 클래식 칵테일

Profile	Aroma	Taste		Caffeine Level
	사과, 시나몬, 몰트	산뜻한 신맛, 여린 단맛, 미미한 쓴맛		해당 없음

Note

잘 익은 사과와 히비스커스는 선명한 색상과 더불어 산뜻하고 달콤한 풍미를 낼 수 있는 좋은 조합의 재료입니다. 히비스커스에 과일을 듬뿍 블렌딩한 차를 따뜻하게 우린 다음 위스키를 붓기만 하면 손쉽게 토디를 만들 수 있습니다. 이번에는 제철 과일 사과와 아일레스 티의 〈애플〉, 시나몬을 사용해 가을밤에 따뜻하게 마실 수 있는 간단한 클래식 칵테일 토디를 만들어 봅니다.

Making Time

음료 메이킹 5분

Cup

고블릿 글라스

Tool

티포트, 지거, 스퀴저, 바 스푼, 집게

Ingredient

아일레스 티 〈애플〉 티백 2개, 온수(95도) 200ml, 위스키 15ml(0.5온스), 시나몬 시럽 15ml(0.5온스), 레몬 1/2개, 꿀 2티스푼, 사과 슬라이스 4개, 시나몬 스틱 1개, 로즈마리 1줄기

1   티포트에 아일레스 티의 〈애플〉 티백을 넣는다.

2.   온수를 부어 4분간 추출한다.

3   차가 우러나는 동안 글라스에 위스키를 담는다.

🍃   위스키 투입량은 최소량으로 취향에 따라 가감해도 좋다.

4   3에 시나몬 시럽을 넣는다.

5   스퀴저로 레몬을 착즙해 레몬즙(약 15ml)을 글라스에 넣는다.

6   꿀을 넣고 저어서 섞어준다.

7   추출이 끝난 차를 글라스에 따르고 바 스푼으로 혼합한다.

8   사과 슬라이스 4개로 장식한다.

9   시나몬 스틱과 로즈마리를 올려 마무리한다.

TEA Master's TIP

스모크한 풍미를 좋아한다면 피트가 인상적인 스코틀랜드의 위스키를 사용해도 좋습니다.
아드벡은 차의 향미가 잘 드러나기 어려운 편이고 라프로익을 사용하면 독특한 풍미가 완
성됩니다. 밸런스가 좋은 결과물을 원한다면 아이리시 위스키 제임슨을 활용하는 것도 좋
습니다.

China Caravan Tea

차이나 카라반 티

Hot | Milk Tea | Non-Alcohol

오랜 여행길의 노곤함을 달래주던 차이나 카라반의 클래식 티 레시피를 현대적으로 재해석한 버터 티

Profile	Aroma	Taste	Caffeine Level
	버터, 흑당, 젖은 목재	중후한 단맛, 미미한 쓴맛	중간

Note

옛날에 보이차는 유목민들에게 수출하는 차였는데, 이를 운반하는 카라반(이동하는 상인)들은 떠나는 길이 멀고 험해서 든든한 여정을 위해 보이차에 버터와 곡물, 소금을 넣고 진한 밀크티(수유차)로 끓여 마시곤 했습니다. 그 방식을 현대인의 취향에 맞게 변형하면 독특한 풍미의 버터 밀크티가 될 수 있답니다. 이번에는 보이차에 흑당 향을 더한 알디프의 〈올드 블랙 매직〉에 누룽지 그리고 우유와 버터를 담아 묵직한 카라반 밀크티를 만들어 봅니다.

Making Time

음료 메이킹 6분

Cup

텀블러 글라스

Tool

냄비, 계량컵, 스트레이너, 바 스푼, 계량 스푼

Ingredient

알디프 〈올드 블랙 매직〉 4g, 아쌈 홍차 1g, 누룽지 2g, 온수(95도) 100ml, 우유 150ml, 히말라야 핑크솔트 한 꼬집(0.2g), 설탕 12g, 버터 10g

1   냄비에 알디프의 〈올드 블랙 매직〉과 아쌈 홍차, 누룽지를 넣는다.

2   온수를 붓고 중약불에서 4분간 끓인다.

3   우유를 넣고 2분간 약불에서 끓인다.

4   히말라야 핑크솔트와 설탕을 넣고 잘 섞어준 다음 불을 끈다.

5   스트레이너를 이용해 냄비의 음료를 걸러 글라스에 옮겨 담는다.

🍃   곡물과 찻잎이 불어 있어서 빨리 부으면 스트레이너에서 음료가 넘칠 수 있으니 주의해야 한다.

6   취향에 따라 10×10mm 크기로 자른 버터를 첨가해 마무리한다.

TEA Master's TIP

가향된 보이차를 사용하면 보다 마시기 편한 풍미의 버터 밀크티로 즐길 수 있습니다. 일반 보이숙차를 이용해 해당 레시피를 재현할 경우 계피, 팔각, 정향과 같은 향신료를 함께 블렌딩했을 때 마시기 편안한 풍미로 완성됩니다. 강한 버터 풍미에 보이숙차의 가죽과 흙 내음이 더해지면 누군가에게는 이국적일 수 있습니다.

TEA
BREWING
FOR THE
FOUR
SEASONS

계절에 어울리는
티 브루잉

겨울의

tea
레시피

계절의 마지막인 겨울의 음료는 숙성된 발효차와 과일 블렌딩 티를 활용해 따뜻하고 그윽한 풍미를 내는 것이 좋습니다. 달콤하고 진한 맛의 초콜릿과 고소한 견과류를 기본으로 스파이스와 과일, 허브를 활용해 만들면 그윽하고 풍성한 느낌을 낼 수 있답니다. 이번에 소개하게 될 겨울의 레시피는 음료 만들기에 익숙해진 사람들이 재미있는 시도를 해볼 수 있도록 다양한 테크닉을 활용해서 만들어 봅니다.

Korean Yujabyeoncha-a

한국 유자병차

Hot | Straight Tea | Non-Alcohol

상큼한 유자 껍질 속에 발효차를 담아 숙성시킨 한국 고유의 블렌딩 티

Profile	Aroma	Taste	Caffeine Level
	유자, 조청, 삼나무	중후한 단맛, 미미한 쓴맛	중간

Note

추운 겨울바람이 불어올 때 옛 방식으로 팔팔 끓여 마시는 뜨거운 유자병차는 한 주전자 가득 준비해서 따뜻하게 데워두었다가 손님에게 웰컴 티로 내면 좋은 차입니다. 신선한 남해 유자 속을 파서 농가에서 정성껏 만든 발효차를 담고 찌고 말리는 과정을 반복해 만든 유자병차는 한 덩어리를 부수어 사용해도 좋고, 종일 마실 요량이면 한 덩어리를 통째로 주전자에 담아 끓여도 좋습니다.

Making Time

음료 메이킹 15~20분(가급적 미리 끓여 준비)

Cup

유리 혹은 도자기 소재의 동양식 찻잔

Tool

내열 유리 포트

Ingredient

유자병차 1개, 온수(95도) 600ml

Recipe

Hot Tea

1   내열 유리 포트에 유자병차를 넣고 온수를 붓는다.

2   약불에서 15~20분간 끓여 우린다.

3   끓인 차를 찻잔에 담아 마신다.

🍃   포트에 물을 추가하면서 계속 끓여 마실 수 있다.

TEA Master's TIP

유자병차는 만드는 생산자마다 레시피가 달라서 발효차에 똘배나 모과 또는 히비스커스 같은 다양한 재료를 블렌딩하기도 합니다. 구매 전 취향에 맞는 재료가 혼합된 것인지를 꼭 체크하는 것이 좋습니다. 컨디션이 좋지 않을 때 생강이나 대추를 함께 넣어 끓여 마시는 방법도 있으니 상황에 맞게 추가 재료를 선택해 끓여도 좋습니다.

India Assam Black Tea

인도 아쌈 홍차

Hot/Ice | Straight Tea | Non-Alcohol

묵직한 보디감과 농밀한 몰트의 풍미가 매력적인 클래식 홍차

Profile	Aroma	Taste	Caffeine Level
	몰트, 대추야자, 메이플 시럽	중후한 단맛, 미미한 쓴맛	중간

Note

인도 북동부의 아쌈은 덥고 습한 열대우림 지역입니다. 숲속에서 아쌈의 대엽종 차 나무를 발견한 영국인들이 개발을 시작하면서 아쌈 홍차가 전 세계에 알려지게 되었습니다. 특히 5월쯤에 수확한 세컨드 플러시 홍차는 달콤한 몰트와 대추야자 같은 향이 강해서 페이스트리 또는 초콜릿을 사용한 케이크와 곁들여도 좋습니다. 이번에는 겨울에 가장 매력적인 향을 내는 홍차인 아쌈 지역의 하무티(Harmutty) 농장에서 만든 아쌈 세컨드 플러시를 준비해 봅니다.

Making Time

음료 메이킹 3분

Cup

서양식 티포트와 티컵 앤 소서

Tool

티포트, 서브 티포트, 스트레이너, 아이스 텅

Ingredient

HOT 아쌈 홍차 4g, 온수(95도) 400ml
ICE 아쌈 홍차 4g, 온수(95도) 150ml, 얼음 적당량

413

Recipe

Hot Tea

1 티포트와 서브 티포트, 티컵을 예열한다.

2 티포트의 예열 물을 버린 후 아쌈 홍차를 담고 온수를 부어 3분간 우린다.

3 티컵과 서브 티포트의 예열 물을 버리고 스트레이너로 찻잎을 걸러 서브 티포트에 우린 차를 붓는다.

4 티컵과 티포트를 함께 제공하며 우린 차를 따른다.

Ice Tea(더블 쿨링)

1   티포트를 예열한 후 예열 물을 버리고 찻잎을 담는다.

2   온수를 붓고 3분간 우린다.

3   티포트에 얼음 3개를 담아 더블 쿨링한다.

4   잔에 얼음을 가득 담는다.

5   스트레이너로 찻잎을 거르며 차를 붓는다.

TEA Master's TIP

아쌈 홍차는 우리는 시간을 초과하면 특유의 쓴맛과 떫은맛이 강하게 나타납니다. 가급적이면 시간을 지켜 우려야 하는데, 5분 이상 초과하여 추출할 경우 우유와 설탕을 첨가해 밀크티로 만드는 편이 좋습니다.

China Fujian White Tea

중국 푸젠성 노백차

Hot/Ice | Straight Tea | Non-Alcohol

세월의 흐름을 고스란히 담아 더욱 부드럽고 감미로운 백차

Profile	Aroma	Taste	Caffeine Level
	낙엽, 감초, 백미	묵직한 단맛, 풍부한 감칠맛	낮음

Note

중국 푸젠성은 오래전부터 백차를 만들어 온 곳입니다. 푸젠성의 신선한 백차는 우아한 풍미로 유명한데, 최근에는 차를 3년 이상 숙성하면 약처럼 몸에 좋다고 하여 숙성한 백차를 찾는 사람들이 많아졌습니다. 10년 이상 숙성한 백차를 노백차(老白茶)라고 하는데, 시간이 지나면서 자연스럽게 카테킨 성분이 분해되며 차의 쓰고 떫은맛이 줄고 감칠맛과 단맛이 강해져서 겨울에 잘 어울립니다. 노백차를 1인용 다구에 우려 부드럽고 따뜻하게 준비해 봅니다.

Making Time

음료 메이킹 1~2분

Cup

1인용 개완과 찻잔 또는 브랜디 글라스

Tool

일체형 개완, 아이스 팅

Ingredient

`HOT` 노백차 4~5g, 온수(95도) 1회 우림 시 약 150~200ml씩

`ICE` 노백차 4~5g, 1회 추출당 온수(95도) 100ml, 얼음 적당량

Recipe

Hot Tea

1 개완을 예열한다.

2 개완의 예열 물을 버리고 노백차를 담는다.

3 온수를 붓고 10초 후에 우린 찻물을 찻잔 예열 물로 사용한다.

🍃 노백차도 보이차처럼 차 우릴 때 첫 번째 우린 찻물을 버리는 세차(洗茶)를 한다.

4 다시 물을 붓고 1분가량 우린다.

5 찻잔의 예열 물을 버리고 우린 차를 따라 마신다(2~3회 반복).

Ice Tea(급랭)

1   개완에 노백차를 담는다.

2   온수를 붓고 5분간 우린다.

3   글라스에 얼음을 가득 담고 찻잎을 거르며 바로 붓는다.

TEA Master's TIP

노백차는 신선한 백차를 우릴 때와는 달리 끓인 열탕을 사용해야 맛과 향이 풍부하게 추출
됩니다. 부드러운 질감으로 감칠맛을 중점적으로 추출하고 싶으면 우리는 시간을 1~2분 정
도 두는 것이 좋은데, 농후한 맛으로 추출하고 싶은 경우에는 주전자에 담아 15~20분 정도
끓이는 방법을 사용해야 합니다.

China Wuyi Mountain Shui Xian

중국 무이암차 수선

Hot/Ice | Straight Tea | Non-Alcohol

험준한 바위산의 미네랄을 품은 묵직한 풍미의 정통 우롱차

Profile			
	Aroma	Taste	Caffeine Level
	갓 베어낸 대나무, 난꽃, 스모크	묵직하고 여린 단맛, 풍부하고 지속적인 신맛, 여린 쓴맛	중간

Note

중국 푸젠성의 무이산은 바위산으로 이루어진 유명한 국립공원입니다. 바위 틈에서 자란 찻잎이 지닌 묵직하고 독특한 풍미는 암운(岩韻)으로 불리며 많은 사랑을 받고 있습니다. 이곳의 차들 중 수선(水仙)은 향이 담백하고 맛이 풍부한 차입니다. 특히 찻잎에 숯의 열기를 쬐어주는 전통 건조기법(홍배, 炭焙)으로 만든 수선은 자연스러운 스모크 풍미가 있어서 겨울에 잘 어울립니다. 이번에는 맛을 편안하게 즐길 수 있도록 중국 전통 차도구 자사호를 이용해 우려 봅니다.

Making Time

음료 메이킹 1~2분

Cup

1인용 개완과 찻잔, 고블릿 글라스

Tool

자사호, 공도배, 아이스 팅

Ingredient

HOT 무이암차 4~5g, 1회 추출당 온수(95도) 약 120ml
ICE 무이암차 4~5g, 온수(95도) 약 150ml, 얼음 적당량

Recipe

Hot Tea

1   자사호를 예열한다.

2   자사호의 예열 물을 버리고 무이암차를 담는다.

3   온수를 붓고 10초 후에 우린 찻물을 공도배에 부어 찻잔 예열용으로
     사용한다.

🍃   무이암차도 보이차처럼 차 우릴 때 첫 번째 우린 찻물을 버리는 세차(洗茶)를 한다.

4   다시 물을 붓고 1분가량 우린다.

5   찻잔의 예열 물을 버리고 공도배에 우린 차를 따른다(2~3회 반복).

6   찻잔에 차를 따라서 마신다.

Ice Tea(더블 쿨링)

1   예열한 자사호에 무이암차를 담는다.

2   온수를 붓고 1~2분간 우린다.

3   공도배에 얼음을 2개 담아두고 우린 차를 붓는다.

4   글라스에 얼음을 가득 담고 찻잎을 거르며 바로 붓는다.

무이암차 특유의 스모크가 낯선 경우에는 자사호처럼 차의 향미를 보정해 줄 수 있는 차 도구를 사용해 우리는 것이 좋습니다. 스모크 향을 그대로 즐기고 싶은 경우에는 백자나 유리 소재로 만든 차 도구를 사용하면 차가 가진 본래의 풍미를 잘 드러낼 수 있습니다.

House Blending: Brown Rice & China Pu-erh Tea

하우스 블렌딩: 현미와 보이숙차

Hot | Straight Tea | Non-Alcohol

농후한 풍미의 보이숙차에 고소한 현미를 더한 온화한 맛의 블렌딩 티

Profile	Aroma	Taste	Caffeine Level
	볶은 곡물, 물에 젖은 나무, 카카오	부드럽고 여린 단맛, 여린 쓴맛과 감칠맛	낮음

Note

중국 윈난성의 보이숙차는 발효과정을 거쳐서 만드는 흑차입니다. 악퇴(渥堆)라는 미생물 발효과정을 거치면서 차의 쓰고 떫은맛이 부드러워졌는데, 여기에 볶은 현미를 더하면 추운 날씨도 이겨낼 수 있는 온화하고 따스한 단맛을 내는 고소한 블렌딩 티가 됩니다. 이 차는 팔팔 끓여 마시면 녹진하고 고소한 차를 맛볼 수 있고, 우리면 은은하게 마실 수 있습니다. 이번에는 추위도 녹일 수 있도록 녹진하고 뜨거운 차를 끓여 봅니다.

Making Time

음료 메이킹 10~15분

Cup

중국식 찻잔

Tool

내열 유리 티포트

Ingredient

보이숙차 5g, 현미 2g, 온수(95도) 500ml

Recipe

1   내열 유리 티포트에 보이숙차와 현미를 담는다.

2   온수를 붓는다.

3   약불에서 10분간 끓인다.

4   끓인 차를 찻잔에 따른다.

TEA Master's TIP

블렌딩에 사용할 보이차는 고가의 올드 빈티지 제품을 사용하기보다는 편안하게 사용할 수 있는 차를 선택하는 것이 좋습니다. 보이숙차 중에서도 찻잎이 원형이나 벽돌 모양으로 압축된 제품보다는 홍차처럼 찻잎이 하나씩 흩어져 있는 타입을 선택해 주세요.

Winter Wonderland

윈터 원더랜드

Ice | Tea Cocktail | Alcohol

달콤한 리치 과즙에 히비스커스, 리몬첼로와 트리플 섹, 코튼 캔디를 더한 시그니처 티 칵테일

Profile	Aroma	Taste	Caffeine Level
	리치, 레몬, 오렌지	진한 단맛, 선명한 신맛, 여린 감칠맛	해당 없음

Note

창밖에 흰 눈이 펑펑 내리는 날에는 과즙이 듬뿍 담겨 달콤하면서도 조금은 도수가 높은 티 칵테일이 제격입니다. 망고와 복숭아를 담은 히비스커스 블렌딩 티 알디프의 〈낮의 차〉를 리치 주스에 우리고, 상큼한 리몬첼로와 트리플 섹 그리고 레몬 과즙을 담으면 겨울 파티에 어울리는 음료가 완성됩니다. 여기에 솜사탕을 잔 위에 풍성하게 올렸다가 한 입 먹고 그대로 칵테일에 풍당 빠뜨리면 진한 달콤함에 세상이 잠시 반짝이는 기분이 들 거예요.

Making Time

음료 메이킹 2~3분

Cup

마티니 글라스

Tool

냉침 보틀, 지거, 바 스푼, 믹싱 글라스, 스트레이너, 아이스 텅, 스퀴저

Ingredient

리치 주스 티(약 3잔 분량) 알디프 〈낮의 차〉 티백 3개, 리치 주스 250ml

음료 메이킹 리치 주스 티 70ml(2.5온스), 트리플 섹 30ml(1온스), 리몬첼로 15ml(0.5온스), 타코 리치 베이스 8ml, 레몬 1/2개, 얼음 적당량, 솜사탕 1봉지, 스프링클 적당량

리치 주스 티

1   냉침 보틀에 알디프의 〈낮의 차〉 티백을 담는다.

2   리치 주스를 붓고 실온에서 4시간 냉침한다.

3   티백을 제거하고 라벨링하여 냉장 보관한다(냉장에서 4일 이내 전량 소진).

음료 메이킹

1   글라스에 얼음을 넣고 칠링한다.

2   믹싱 글라스에 얼음을 담고 리치 주스 티, 트리플 섹, 리몬첼로, 타코 리치 베이스를 넣는다.

3   스퀴저로 레몬 1/2개를 짜서 레몬즙 15ml를 2에 넣는다.

4   바 스푼으로 충분히 저어준다.

5   칠링을 마친 잔의 얼음을 버리고 4의 혼합 음료를 스트레이너로 걸러 담는다.

6   음료를 채운 글라스 위에 솜사탕을 풍성하게 장식하고 스프링클을 뿌려 마무리한다.

TEA Master's TIP

히비스커스 티를 음료에 사용하는 경우 이미 산미가 강하게 들어가 있어 레몬즙이나 라임 즙처럼 산미가 강한 재료를 많이 추가하지 않는 편이 좋습니다. 조금만 사용해 향미만 추가하는 것으로 하고, 산성이 강할 경우에는 당분을 추가해 새콤달콤한 느낌으로 마실 수 있도록 밸런스를 조정해 주세요.

Matcha Orange White Hot Chocolate
말차 오렌지 화이트 핫초콜릿

Hot | Cream Tea | Less Alcohol

싱그럽고 쌉싸래한 풍미의 한국 말차에 오렌지 리큐어 쿠앵트로를 더한 따뜻한 화이트 초콜릿

Profile	Aroma	Taste	Caffeine Level
	오렌지, 말차, 화이트 초콜릿	묵직하고 진한 단맛, 부드러운 쓴맛	해당 없음

Note

녹음이 우거진 숲의 진한 풀 내음과 쌉싸래한 맛을 지닌 말차는 화이트 초콜 릿과 함께하면 카카오버터의 녹진한 풍미가 더해지면서 아주 풍성한 맛과 향을 갖게 됩니다. 여기에 오렌지 리큐어 쿠앵트로를 조금 첨가하면 보다 산뜻해지면서 감칠맛이 조금 더 느껴지게 됩니다. 이번에 선보일 따뜻한 말차 음료는 화이트 커버춰 초콜릿에 말차와 쿠앵트로, 그리고 우유 생크림을 더해 겨울 낮에 어울리는 풍미로 완성해 봅니다.

Making Time

음료 메이킹 5분

Cup

고블릿 글라스

Tool

냄비, 스트레이너, 숙우, 차선, 바 스푼, 지거, 볼, 핸드믹서, 크림 스푼, 그라인더

Ingredient

쿠앵트로 크림(약 2~3잔 분량) 생크림 100ml, 우유 20ml, 설탕 10g, 쿠앵트로 3~4ml

음료 메이킹 말차 3g, 온수(70도) 20ml, 화이트 커버춰 초콜릿 40g, 우유 150ml, 쿠앵트로 5ml, 쿠앵트로 크림 30ml, 오렌지 1개(제스트용)

Recipe

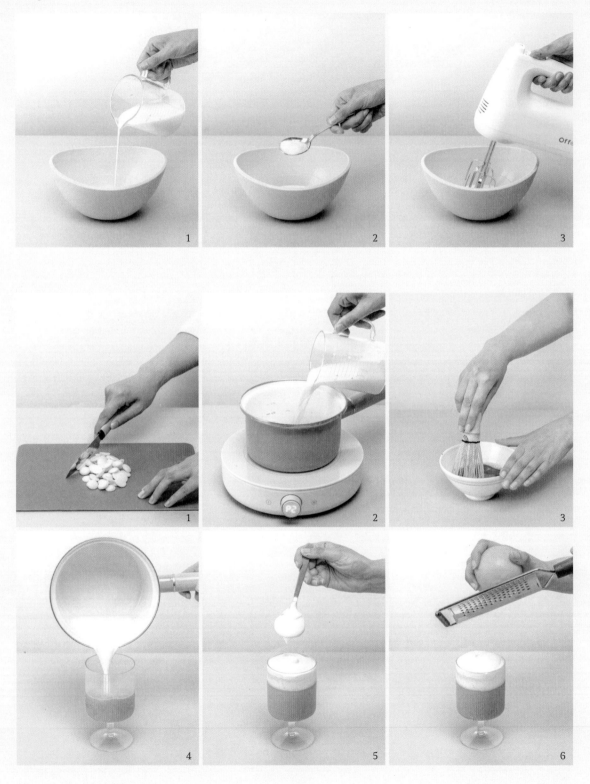

434

쿠앵트로 크림

1   볼에 생크림과 우유를 담는다.

2   볼에 쿠앵트로와 설탕을 넣는다.

3   핸드믹서로 크림 부피가 2배, 60% 정도 단단해져서 천천히 흐르는 질
    감이 될 때까지 혼합하고 완성된 크림은 냉장 보관한다.

음료 메이킹

1   화이트 커버춰 초콜릿을 잘게 다진다.

2   냄비에 우유, 다진 화이트 커버춰 초콜릿을 넣고 약불에서 저으며 녹
    인 후 초콜릿이 완전히 녹고 냄비 가장자리에 기포가 올라오기 시작하
    면 불을 끄고 쿠앵트로를 넣는다.

🍃 해당 레시피는 향기를 더하는 용도로만 쿠앵트로를 사용하기 때문에 알코올 도수가 거의 없다.
    알코올의 풍미가 잘 느껴지는 티 칵테일로 만들 때는 쿠앵트로를 15~30㎖가량 취향껏 첨가해
    준다.

3   숙우에 스트레이너를 걸쳐두고 말차를 넣어 체 쳐서 담고, 온수(70도)
    를 천천히 부어 차선으로 뭉친 가루가 없도록 갠다.

🍃 차선을 사용할 때는 너무 바닥에 세게 누르거나 긁듯 사용하지 말고 가볍게 쓸어주면서 차를
    풀어준다.

4   2를 글라스에 담고, 잘 개어 풀어준 말차를 스트레이너로 걸러 붓고
    섞는다.

5   크림 스푼으로 쿠앵트로 크림을 음료 윗면에 담는다.

6   그라인더로 오렌지 껍질을 그라인딩해 제스트를 올리고 마무리한다.

TEA Master's TIP

가루 녹차를 사용하게 되면 진한 떫은맛과 쓴맛을 경험하게 될 수 있어 가급적이면 분말녹
차보다는 세레모니얼 등급의 말차를 사용하는 것이 좋습니다. 또한 이미 당분과 분유가 혼
합되어 나오는 말차라테 파우더는 화이트 초콜릿에 사용하기엔 단맛이 너무 강할 수 있으
니 가급적이면 순수한 말차를 사용할 것을 권합니다.

Rooibos Ginger Highball

논알코올 루이보스 진저 하이볼

Ice | Tea Mocktail | Non-Alcohol

알싸한 생강에 열대과일의 달콤한 향과 위스키의 풍미를 조화롭게 담아낸 루이보스티 하이볼

Profile	Aroma	Taste	Caffeine Level
	생강, 파인애플, 몰트	묵직한 단맛, 약한 신맛, 산뜻한 쓴맛	해당 없음

Note 따뜻한 느낌을 선사하는 생강은 겨울의 대표적인 식재료입니다. 특히 묵직한 레드 루이보스와 함께 사용하면 알싸한 뒷맛이 더해지면서 복합적인 풍미를 낼 수 있습니다. 이번에는 겨울에 어울리는 논알코올 하이볼을 만들기 위해 열대과일 향의 루이보스 블렌딩인 다질리언의 〈디저트아일랜드〉 티백에 생강 시럽, 진저에일 그리고 논알코올 위스키향 시럽을 사용해 초보자도 만들 수 있는 논알코올 하이볼을 만들어 봅니다.

Making Time 음료 메이킹 2~3분

Cup 하이볼 글라스

Tool 계량컵, 지거, 바 스푼, 아이스 텅

Ingredient 다질리언 〈디저트아일랜드〉 티백 2개, 온수 70ml, 위스키향 시럽 20ml, 생강 시럽 5ml, 진저에일 1캔, 얼음 적당량, 생강 슬라이스 1개, 로즈마리 1줄기

Recipe

1

2

3

4

5

6

438

1 계량컵에 다질리언의 〈디저트아일랜드〉 티백을 넣고 온수를 부은 후 전자레인지에 돌려 1분간 우린다.

2 차가 우러나는 동안 글라스에 위스키향 시럽과 생강 시럽을 넣고 섞는다.

3 2에 얼음을 가득 채운다.

4 다 우러난 찻물에 얼음 2개를 담아 쿨링하고 식힌 차를 글라스에 붓는다.

5 글라스의 80%가 채워질 때까지 진저에일을 넣는다(약 80~100ml 사이).

🍃 진저에일은 캐나다드라이보다 분더버그 제품이 더 진한 생강 느낌을 준다.

6 생강 슬라이스와 로즈마리를 올려 장식하고 마무리한다.

TEA Master's TIP

발효과정을 거쳐서 만들어진 레드 루이보스는 특유의 발효 향이 있어서 너무 과하게 추출하면 뒷맛이 담배잎 같은 느낌을 줄 수 있습니다. 우드노트를 강조하기 위해 찻잎을 더 증량하거나 우리는 시간을 임의로 늘리게 되면 의도치 않은 풍미가 나타날 수 있으니 유제품을 사용하지 않는 청량한 타입의 음료에서는 가급적 과도한 추출은 피하는 것이 좋습니다.

Imperial Eggnog

임페리얼 에그노그

Hot | Tea Mocktail | Non-Alcohol

깊고 풍부한 카카오향 홍차에 달걀과 스파이스를 더한 녹진하고 달콤한 논알코올 티 칵테일

Profile	Aroma	Taste	Caffeine Level
	넛맥, 카카오, 바닐라	무겁고 부드러운 단맛, 진한 감칠맛, 매우 여린 쓴맛	높음

Note

에그노그는 원래 달걀과 우유, 생크림, 바닐라 그리고 브랜디 같은 술을 넣고 만드는 클래식 칵테일이지만 홍차를 사용해 논알코올 버전으로 만들면 술을 마시지 못하는 사람도 함께 즐길 수 있는 편안한 음료가 되기도 합니다. 이번에는 마리아쥬 프레르의 〈웨딩 임페리얼 홍차〉로 깊고 풍부한 초콜릿 향과 아크바의 〈잉글리시 브렉퍼스트 홍차베이스〉의 두터운 맛을 활용해 논알코올 버전의 에그노그를 만들어 봅니다.

Making Time

음료 메이킹 5분

Cup

텀블러 글라스

Tool

냄비, 스트레이너, 볼, 바 스푼, 지거

Ingredient

마리아쥬 프레르 〈웨딩 임페리얼 홍차〉 5g, 아크바 〈잉글리시 브렉퍼스트 홍차베이스〉 40ml, 우유 130ml, 생크림 70ml, 바닐라 익스트랙 1g, 달걀 1개, 넛맥 약간

Recipe

1 냄비에 마리아쥬 프레르의 〈웨딩 임페리얼 홍차〉와 아크바의 〈잉글리시 브렉퍼스트 홍차베이스〉, 우유를 넣고 가장자리에 기포가 생길 때까지 중약불에서 3~4분간 데운다.

2 재료를 데우는 동안 볼에 생크림과 바닐라 익스트랙을 넣는다.

3 스트레이너를 사용해 볼에 달걀을 풀어 넣고 바 스푼으로 잘 섞는다.

4 냄비 가장자리에 기포가 생기기 시작하면 약불로 줄이고, 3에서 믹싱한 재료를 바 스푼으로 저으면서 천천히 냄비에 붓는다.

🍃 달걀이 익거나 눌어붙지 않도록 낮은 온도에서 계속 저어준다.

5 달걀이 익지 않도록 70도 정도의 온도일 때(따끈한 정도일 때) 불에서 내리고 스트레이너로 걸러 글라스에 붓는다.

6 넛맥을 뿌려 마무리한다.

🍃 취향에 따라 넛맥 대신 시나몬 파우더를 사용해도 된다.

TEA Master's TIP

에그노그를 미리 대량으로 만들어 두고 시원하게 마시거나 따뜻하게 데워 마셔도 좋습니다. 겨울철에는 알코올 소독한 유리병에 담아 냉장 보관하면 48시간 정도 보관 가능하지만 가급적 당일 소진하는 것이 가장 좋습니다. 취향에 따라 브랜디 또는 버번 위스키, 다크 럼 같은 알코올을 15~30ml(1/2~1온스) 더해 마시면 더욱 풍성한 티 칵테일 버전으로 즐길 수 있습니다.

Berry Rooibos Pistachio Cream Milk Tea

베리 루이보스 피스타치오 크림 밀크티

Ice | Cream Tea | Non-Alcohol

진하게 우린 베리 루이보스티에 피스타치오 크림과 딸기를 더한 무카페인 크림 밀크티

Profile	Aroma	Taste	Caffeine Level
	피스타치오, 딸기, 석류	풍부한 단맛, 산뜻한 신맛	해당 없음

Note 피스타치오는 부드럽고 풍성한 단맛을 지닌 견과류입니다. 의외로 딸기나 무화과 같은 과일과 잘 어울려서 과일 퓌레를 함께 사용하면 겨울에 어울리는 풍부한 맛을 낼 수 있습니다. 이번에는 새콤달콤한 베리의 맛과 향이 진한 알디프의 〈나랑갈래〉 허브티를 진하게 우리고, 딸기 퓌레와 피스타치오 크림을 담아 고소하고 달콤한 겨울 시그니처 크림 밀크티를 만들어 봅니다.

Making Time 음료 메이킹 3분

Cup 브랜디 글라스

Tool 볼, 핸드믹서, 크림 스푼, 계량컵, 스트레이너, 바 스푼, 지거, 스패출러, 믹싱 글라스, 머들러, 시럽 저그, 아이스 텅

Ingredient

피스타치오 크림(약 4~5잔 분량) 생크림 130ml, 우유 80ml, 피스타치오 프라페 파우더 45g

음료 메이킹 알디프 〈나랑갈래〉 4g(티백 2개), 온수(95도) 100ml, 딸기 베이스 30g, 얼음 3~4개, 우유 80ml, 설탕 시럽 10ml, 피스타치오 크림 45g, 피스타치오 분태 1~2스푼

Recipe

446

피스타치오 크림

1   볼에 생크림과 우유를 넣는다.

2   피스타치오 프라페 파우더를 넣는다.

3   핸드믹서로 크림 부피가 2배, 60% 정도 단단해져서 천천히 흐르는 질
    감이 될 때까지 혼합한다.

1   계량컵에 알디프의 〈나랑갈래〉를 담고 온수를 부은 후 전자레인지에
    1분간 돌린다.

2   글라스에 딸기 베이스를 담는다.

3   계량컵에 우유, 설탕 시럽을 넣고 잘 섞은 뒤 글라스에 얼음 3~4개를
    담고 혼합한 우유를 붓는다.

4   3에 피스타치오 크림을 올린다.

5   추출이 끝난 차를 스트레이너로 걸러 크림 위에 천천히 붓는다.

6   피스타치오 분태를 풍성하게 올려 마무리한다.

🍃   피스타치오 분태는 미리 믹싱 글라스에 담아 머들러로 으깨어 만들어 둔다.

~
TEA Master's TIP

차가운 크림티를 만들 때는 가급적이면 사용할 크림이 너무 단단하지 않도록 하는 것이 좋습
니다. 크림이 단단하면 뜨거운 루이보스티를 추출해 부었을 때 잘 녹지 않아서 차가 자연스
럽게 아래로 내려가지 않고 잔 밖으로 흘러 넘칠 수 있으며, 너무 묽게 만들면 가니쉬로 올려
줄 피스타치오가 아래로 금방 가라앉게 되므로 60% 정도만 휘핑하는 것이 좋습니다.

Honey Rooibos Whiskey Toddy

허니 루이보스 위스키 토디

Hot | Tea Cocktail | Alcohol

상큼한 열대과일에 스파이스와 꿀을 담아 따뜻하게 즐길 수 있는 위스키 토디

Profile	Aroma	Taste	Caffeine Level
	패션푸르트, 진저, 허니	산뜻한 신맛, 매끄러운 단맛, 여린 감칠맛	해당 없음

Note

클래식 칵테일 위스키 토디는 스파이스를 기본으로 하는 따뜻한 칵테일입니다. 여기에 과일이 가득한 허브티를 담으면 풍성한 열대과일 향이 진해지면서 실제 당도는 낮지만 달콤한 느낌을 선사할 수 있습니다. 이번에는 열대과일이 풍부한 루이보스 블렌딩 티인 다질리언의 〈디저트아일랜드〉 티백에 4가지 스파이스를 듬뿍 담은 알디프의 〈바디 앤 소울〉 티백을 블렌딩하고 꿀과 레몬을 더해 위스키 토디를 만들어 봅니다.

Making Time

음료 메이킹 4분

Cup

올드패션드 글라스

Tool

계량컵, 지거, 바 스푼, 스퀴저, 칵테일 픽

Ingredient

다질리언 〈디저트아일랜드〉 티백 1개, 알디프 〈바디 앤 소울〉 티백 1개, 온수 (95도) 150ml, 버번 위스키 45ml(1.5온스), 아카시아 꿀 1~2티스푼, 레몬 1/2개, 레몬 슬라이스 1개, 시나몬 스틱 1개

Recipe

1 계량컵에 다질리언의 〈디저트아일랜드〉 티백과 알디프의 〈바디 앤 소울〉 티백을 담고 온수를 부어 3분간 우린다.

2 차가 우러나는 동안 글라스에 버번 위스키를 담는다.

3 2에 아카시아 꿀을 넣는다.

4 스퀴저로 레몬을 착즙해 레몬즙 15ml를 글라스에 담는다.

5 다 우러난 차의 티백을 제거하고, 글라스에 우린 차를 부어 바 스푼으로 저어준다.

6 레몬 슬라이스의 껍질 부분을 칵테일 픽에 45도 각도로 꽂는다.

7 시나몬 스틱과 6의 레몬으로 장식해 마무리한다.

TEA Master's TIP

허브 베이스의 블렌딩 티에 과일 풍미를 강하게 하기 위해 과일청을 사용하게 되면, 달짝지근한 느낌이 너무 강해질 수 있어서 가급적이면 생과일을 직접 착즙해 쓰거나 착즙 과일주스를 사용하는 것이 좋습니다. 과일청을 사용하고 싶다면 홍차 블렌딩 티를 활용하는 것을 추천합니다.

Frozen White Chocolate Mint Julep

프로즌 화이트 초콜릿 민트 줄렙

Ice | Tea Smoothie | Alcohol

화이트 초콜릿 프라페에 시원한 민트 그린티 위스키를 부어 마시는 어른의 밀크 셰이크

Profile	Aroma	Taste	Caffeine Level
	스피아 민트, 화이트 초콜릿, 비번 위스키	부드럽고 시원한 단맛, 어린 쓴맛	중간

Note

클래식 칵테일 그라스 호퍼와 민트 줄렙에서 영감을 받은 이번 음료는 겨울에 마시는 시원한 어른의 음료로, 한국 제주 녹차와 이집트의 스피아 민트를 위스키에 냉침해 화이트 초콜릿 프라페 위에 부어 천천히 음미하는 타입으로 만들어 봅니다. 스푼으로 조금씩 떠서 먹을 수 있는 음료를 논알코올 버전으로 만들 때는 위스키 대신 콜롬보 위스키향 시럽과 물을 1:4 비율로 섞은 용액을 사용해도 좋습니다.

Making Time

음료 메이킹 4분

Cup

브랜디 글라스

Tool

계량컵, 냉침 보틀, 블렌더, 지거, 바 스푼, 아이스 텅, 시럽 저그, 스트레이너, 티스푼

Ingredient

스피릿 인퓨징(약 3잔 분량) 스피아 민트 1g, 제주 중제 녹차 2g, 버번 위스키 100ml

음료 메이킹 우유 90ml, 생크림 10ml, 포모나 화이트 초콜릿 파우더 30g, 얼음 100g, 그린 민트 시럽 20ml, 민트 위스키 30ml(1온스), 안데스 민트 초콜릿 1조각

스피릿 인퓨징(민트 위스키)

1   계량컵에 스피아 민트와 제주 중제 녹차를 담는다.

2   버번 위스키를 붓고 실온에서 30분간 냉침한다(또는 냉장 5시간).

3   찻잎을 걸러 병입하고 냉장 보관한다(2주일 이내 소진).

음료 메이킹

1   블렌더에 차가운 우유와 생크림, 포모나 화이트 초콜릿 파우더와 얼음
    을 담는다.

2   1을 20~40초간 블렌딩한다.

3   블렌더에서 음료를 혼합하는 동안 글라스에 그린 민트 시럽을 넣는다.

4   바 스푼을 이용해 블렌딩한 재료를 3에 담는다.

5   4의 음료 상단에 안데스 민트 초콜릿을 장식한다.

6   시럽 저그에 인퓨징한 민트 위스키를 담아 글라스와 함께 제공한다.
    취향에 맞게 위스키를 조금씩 붓고 티스푼으로 떠먹는다.

~
TEA Master's TIP

민트와 녹차를 사용하는 음료는 특유의 쓴맛을 절제하면서 차를 추출하는 것이 관건입니다.
시원한 청량감은 최대한 살리되 쓰고 떫은맛을 억제하기 위해서는 낮은 온도에서 냉침하거
나 실온에서 추출하는 시간을 짧게 하는 것이 좋습니다. 녹차는 짧은 시간에 감칠맛을 많이
추출하는 것이 좋을 테니 가급적이면 추출 시간이 긴 덖은 녹차보다는 추출 시간이 짧아도
무방한 증제 녹차를 사용해 주세요.

Old Pu'er Tea Lammos Milk Tea

올드보이 라모스 밀크티

Ice | Cream Tea | Non-Alcohol

블랙 카카오를 담은 시그니처 크림에 흑당 향이 풍부한 보이차와 딸기, 코코넛을 더한 디저트 밀크티

Profile	Aroma	Taste	Caffeine Level
	카카오, 딸기, 코코넛	풍성하고 묵직한 단맛, 여린 쓴맛	중간

Note

보이숙차는 특유의 묵직한 보디감과 가죽, 흙, 카카오와 같은 아로마를 지녀 초콜릿과 함께하면 섬세하고 복합적인 풍미의 음료를 만들 수 있습니다. 이번에는 초콜릿 케이크 라모스(Lammos)처럼 카카오와 코코넛 가루를 사용한 밀크티를 만들텐데요. 흑당 향이 풍부한 알디프의 〈올드 블랙 매직〉 보이차를 우유에 냉침하고 딸기 베이스와 블랙 카카오 크림을 더해 깊은 풍미의 밀크티를 만들어 봅니다.

Making Time

음료 메이킹 3~4분

Cup

고블릿 글라스

Tool

볼, 핸드믹서, 냉침 보틀, 계량컵, 지거, 바 스푼, 아이스 텅, 스프레이, 리밍 접시, 크림 스푼

Ingredient

카카오 크림(약 2잔 분량) 생크림 100ml, 우유 20ml, 설탕 20g, 블랙 카카오 파우더 10g, 보이차 파우더 1g

보이차 우유 냉침(약 2잔 분량) 알디프 〈올드 블랙 매직〉 티백 3개, 온수(95도) 50ml, 우유 350ml

음료 메이킹 딸기 베이스 30g, 보이차 냉침 우유 150ml, 얼음 적당량, 초콜릿 소스 1펌프, 코코넛 파우더 2티스푼, 브랜디 스프레이 2펌프, 카카오 크림 40g, 건조 딸기 다이스 1~2티스푼

카카오 크림

1   볼에 생크림과 우유를 넣는다.

2   설탕과 블랙 카카오 파우더, 보이차 파우더를 넣는다.

3   핸드믹서로 50% 정도 믹싱해 조금 흘러내리는 질감으로 만든 후 냉장
     보관한다(48시간 이내 소진).

보이차 우유 냉침

1   알코올로 소독한 냉침 보틀에 알디프의 〈올드 블랙 매직〉 티백을 담
     는다.

2   온수를 붓고 3분간 찻잎을 우린다.

3   차가운 우유를 붓고 냉장에서 8시간 냉침한다.

🍃   냉침 우유는 제조일로부터 1일 이내 전량 소진해야 한다.

음료 메이킹

1   계량컵에 딸기 베이스와 보이차 우유 냉침을 넣고 바 스푼으로 잘 섞 는다.

2   리밍 접시에 초콜릿 소스를 붓고 글라스의 림(입구 가장자리)에 바른다.

3   코코넛 파우더를 리밍한다.

4   글라스에 브랜디 스프레이를 2회 정도 분사한다.

5   얼음을 3~4개(50g) 정도 담는다.

6   글라스에 1의 혼합 우유를 붓는다.

7   6에 카카오 크림을 올린다.

8   카카오 크림 위에 코코넛 파우더를 뿌린다.

9   건조 딸기로 장식하고 마무리한다.

TEA Master's TIP

보이차는 적당량 사용하면 풍부하고 깊은 맛을 낼 수 있지만, 과하게 사용하는 경우 가죽이나 흙과 같은 느낌이 너무 진해지고 쓴맛이 강할 수 있어 주의가 필요합니다. 특히 맛의 강도를 높이기 위해 보이차 가루를 사용하게 될 경우 반드시 소량 첨가해서 풍미를 돋우는 정도로만 사용해 주세요. 과하게 사용하면 부엽토 같은 오묘한 향기가 납니다.

Lapsang Souchong Old Fashioned

정산소종 올드패션드

Ice | Tea Cocktail | Alcohol

훈연 향이 매력적인 중국 홍차 정산소종을 담은 스모키한 올드패션드 티 칵테일

Profile	Aroma	Taste	Caffeine Level
	스모크, 건자두, 몰트	풍부한 단맛, 산뜻한 쓴맛, 여린 신맛	중간

Note

중국 푸젠성에서 만든 홍차, 정산소종은 특유의 훈연 향과 부드럽고 달콤한 풍미로 세계적인 명성을 가지고 있는 차입니다. 스트레이트 티로 마셔도 좋지만 위스키와 함께 사용하게 되면 간단한 과정만으로도 독특한 개성의 결과물을 낼 수 있어서 스모크 풍미를 찾게 되는 겨울 음료로 활용하기 좋습니다. 이번에는 버번 위스키를 사용한 올드패션드 칵테일에 정산소종과 스파이스를 더해 벽난로와 따스한 거실이 생각날 것 같은 티 칵테일을 만들어 봅니다.

Making Time

음료 메이킹 2분

Cup

올드패션드 글라스

Tool

냉침 보틀, 계량컵, 바 스푼, 지거, 스트레이너, 아이스 텅, 주방 라이터

Ingredient

스피릿 인퓨징(약 3잔 분량) 정산소종 6g, 버번 위스키 200ml

음료 메이킹 정산소종 위스키 60ml(2온스), 앙고스투라 비터스 3~4드롭, 설탕 2티스푼, 클럽소다 3티스푼, 오렌지 필(껍질) 1개, 오렌지 휠 1개, 로즈마리 1줄기, 시나몬 스틱 1개, 얼음 적당량

스피릿 인퓨징(정산소종 위스키)

1   냉침 보틀에 정산소종을 넣는다.

2   버번 위스키를 붓고 30~40분간 실온에서 추출한다.

3   찻잎을 거르고 냉장 보관한다.

음료 메이킹

1   글라스에 설탕과 앙고스트리 비터스, 클럽소다를 넣고 잘 섞는다.

2   얼음을 글라스의 절반 정도 담는다.

3   정산소종 위스키를 넣고 바 스푼으로 가볍게 저어준다.

4   글라스 위에서 오렌지 필(껍질)을 비틀어 향기 성분을 2~3회 분사하고, 글라스 입구에 시계 방향으로 껍질을 문지른 후 제거한다.

5   얼음 위에 오렌지 휠을 올린다.

6   시나몬 스틱의 끝에 불을 붙였다가 꺼 연기를 만들고 글라스 위에 올려 마무리한다.

✎   글라스에 내용물을 담기 전 시나몬 스틱의 연기를 씌어 강한 스모크 향을 연출할 수도 있지만, 그럴 경우 차의 향이 옅어질 수 있어 연기만 살짝 씌는 정도를 추천한다.

TEA Master's TIP

스모크한 풍미를 많이 내기 위해 피트 풍미가 강한 위스키를 사용하는 경우도 있는데, 그럴 경우 정산소종의 섬세한 차 향이 제대로 발현되기 어려워 가급적 버번 위스키를 사용하는 것이 좋습니다. 또한 스모키한 차 향을 위해 추출 시간을 늘리는 경우도 있는데 떫은맛이 과하게 추출될 수 있으니 주의가 필요합니다.

Space Milkyway Milk Tea

스페이스 밀키웨이 밀크티

Ice | Milk Tea | Non-Alcohol

우주의 색을 담은 알디프의 <스페이스 오디티>에 달콤한 연유와 화이트 초콜릿을 더한 무카페인 밀크티

Profile	Aroma	Taste	Caffeine Level
	캐모마일, 민트, 화이트 초콜릿	부드럽고 지속적인 단맛, 은근한 감칠맛	해당 없음

Note

블루멜로우 꽃을 블렌딩한 차들은 물 온도를 잘 맞추면 아름다운 청보라색으로 추출됩니다. 색소가 포함된 시럽을 쓰지 않아도 천연의 색소 성분 덕분에 컬러가 돋보이는 음료를 만들 수 있습니다. 이번에는 보라색이 매력적인 알디프의 <스페이스 오디티>에 연유와 시나몬 시럽으로 보디감과 단맛, 감칠맛을 내고 화이트 초콜릿으로 부드러운 여운을 추가해 긴 겨울의 추위에 굳은 몸과 마음을 편안하게 풀어줄 수 있는 귀여운 우주 밀크티를 만들어 봅니다.

Making Time

음료 메이킹 2~3분

Cup

올드패션드 글라스

Tool

블렌더, 계량컵, 냉침 보틀, 지거, 바 스푼, 아이스 텅, 집게, 밀크 포머, 크림 스푼

Ingredient

`우유 베이스(약 1잔 분량)` 연유 20g, 포모나 화이트 초콜릿 파우더 20g, 우유 50ml

`음료 메이킹` 알디프 <스페이스 오디티> 티백 3개, 온수(60도) 100ml, 우유 100ml, 샷 시나몬 시럽 5ml, 얼음 적당량, 스프링클 적당량

우유 베이스

1   블렌더에 연유와 포모나 화이트 초콜릿 파우더, 우유를 넣는다.

2   날가루가 없도록 20~30초가량 블렌딩한다.

3   알코올 소독한 병에 담아 라벨링 후 냉장 보관한다(48시간 이내 전량 소진).

음료 메이킹

1   계량컵에 알디프의 〈스페이스 오디티〉 티백을 넣고 온수를 붓는다.

2   집게를 사용해 30초간 티백을 꾹꾹 누르며 스퀴징하고, 바로 티백을
     제거한 다음 얼음 2개를 넣어 쿨링한다.

3   차가운 우유를 밀크 포머에 넣고 거품을 만든다.

4   글라스에 우유 베이스와 2의 식힌 차, 샷 시나몬 시럽을 넣고 잘 섞는다.

5   3의 차가운 우유 거품을 음료 위에 올린다.

6   스프링클을 뿌려 장식하고 마무리한다.

TEA Master's TIP

블루멜로우 꽃을 사용한 블렌딩 티는 온도 변화에 민감해 90도 이상의 높은 온도로 추출할
경우 푸른색이 아닌 검은색이 될 수 있습니다. 또한 우리는 과정에서 뚜껑을 닫거나 미리 차
도구를 예열해 둘 경우에도 고온으로 인해 검은색으로 우려질 수 있으니 가급적 60도 정도
의 온도에서 뚜껑을 닫지 않고 추출하는 것이 좋습니다. 또한 뜨거운 상태로 상온에 오래 두
면 산소와 만나게 되면서 점점 투명한 색으로 변할 수 있으니 추출이 끝나자마자 쿨링하여
색상을 고정해야 합니다.

Wuyi Mountain Oolong Oat Milk Tea

무이암차 오트 밀크티

Hot | Milk Tea | Non-Alcohol

묵직한 보디감의 무이암차에 부드러운 오트 밀크를 담아 더욱 진한 로열 밀크티

Profile	Aroma	Taste	Caffeine Level
	구운 곡물, 오트, 스모크	절제된 단맛, 여린 신맛과 쓴맛	없음

Note

중국 푸젠성 무이산의 우롱차, 무이암차(武夷巖茶)는 특유의 묵직한 보디감과 섬세하고 복합적인 향, 미네랄 성분이 주는 미묘한 감칠맛과 산미가 있는 차입니다. 그중 수선(水仙)은 탄배 향이라 불리는 특유의 스모크한 향 뒤로 고소한 견과류와 목재의 따뜻한 느낌, 그리고 꽃향기가 어우러진 풍미로 겨울에 잘 어울립니다. 진하게 우린 차에 오틀리의 〈오트 드링크 바리스타 에디션〉을 더해 겨울의 추위에도 향기가 진하게 피어오르는 로열 밀크티를 만들어 봅니다.

Making Time

음료 메이킹5~7분

Cup

티포트와 티컵

Tool

냄비, 바 스푼, 스트레이너, 지거

Ingredient

무이암차 수선 6g, 온수(95도) 100ml, 오틀리 〈오트 드링크 바리스타 에디션〉 250ml, 바닐라 시럽 20ml

1 무이암차 수선을 계량해 냄비에 담는다.

2 온수를 붓고 4분간 중약불에서 끓인다.

3 오틀리의 〈오트 드링크 바리스타 에디션〉을 붓고 약불에서 냄비 가장
  자리에 기포가 생길 때까지 약 2~3분간 데운다.

4 바닐라 시럽을 넣고 잘 섞은 후 불을 끈다.

5 준비한 티포트에 스트레이너를 이용해 차를 거른다.

6 티컵과 티포트를 함께 세팅하고 티컵에 밀크티를 조금씩 따라서 마신다.

TEA Master's TIP

무이암차 수선을 단일로 사용할 때보다 무이암차 육계(肉桂)를 소량 블렌딩해 사용하면 더욱
풍성한 맛의 밀크티를 만들 수 있습니다. 우유나 두유를 사용해도 향이 진해서 좋은 결과물
을 얻을 수 있습니다.

Dark Oolong Bourbon Whiskey Cream Tea

다크우롱 버번 위스키 크림티

Hot | Tea Cocktail | Alcohol

묵직하고 고소한 타이완 다크우롱에 버번 위스키와 통카빈을 더한 어른의 크림티

Profile	Aroma	Taste	Caffeine Level
	구운 아몬드, 오크우드, 비닐리	무겁고 부드러운 단맛, 절제된 신맛, 매우 여린 쓴맛	중간

Note

타이완에서 생산한 흑우롱(다크우롱)은 특유의 묵직한 보디감, 무거운 신맛과 쓴맛에 스모크 풍미가 살짝 더해져 밀크티로 활용하기 매우 좋은 차입니다. 이 차의 스모크와 고소한 견과류 풍미에 바닐라 크림을 더하면 홍차나 허브와 는 또 다른 매력의 크림티로 즐기기 좋습니다. 이번에는 부드러운 바닐라와 오크우드, 캐러멜 풍미가 매력적인 에반 윌리엄스 위스키를 사용해 흐린 겨울 날을 위한 크림티를 만들어 봅니다.

Making Time

음료 메이킹 5분

Cup

티컵 앤 소서

Tool

볼, 핸드믹서, 냄비, 스트레이너, 바 스푼, 크림 스푼, 지거

Ingredient

`바닐라 크림(약 5~6잔 분량)` 생크림 250ml, 우유 20ml, 바닐라 시럽 20ml, 바닐라빈 1/3개

`음료 메이킹` 흑우롱 5g, 온수(95도) 150ml, 우유 20ml, 버번 위스키 15ml(1/2온스), 설탕 10g, 바닐라 크림 40g

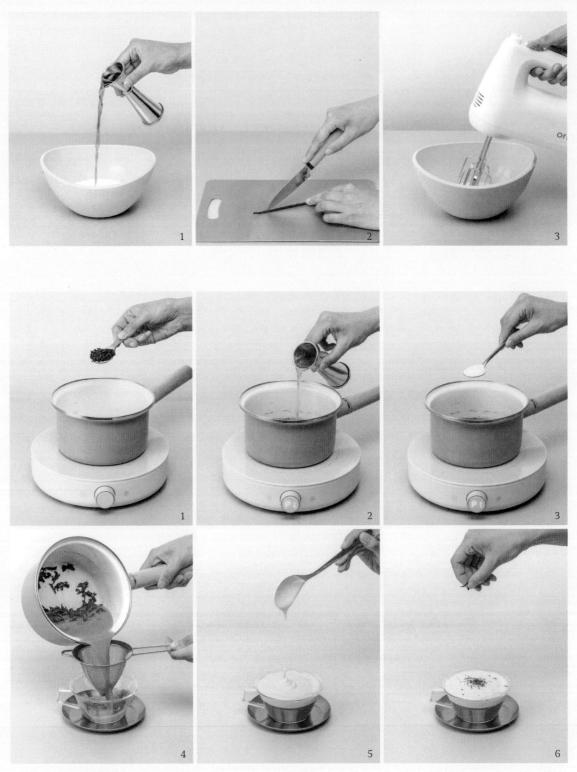

바닐라 크림

1   볼에 생크림과 우유, 바닐라 시럽을 넣는다.

2   바닐라빈은 절반으로 갈라 빈을 긁어내어 볼에 담는다.

3   핸드믹서로 50% 정도 믹싱해 조금 흘러내리는 질감으로 만든 후 냉장
     보관한다(24시간 이내 사용).

음료 메이킹

1   냄비에 흑우롱을 넣고 온수를 부어 중약불에서 3분간 끓인다.

🍃   매우 낮은 알코올 도수를 원하는 경우 차를 끓일 때 위스키를 함께 첨가해도 된다.

2   냄비에 버번 위스키와 우유를 붓고 잘 저어주며 1분간 데운다.

3   불을 끄고 냄비에 설탕을 넣고 녹인다.

4   스트레이너로 차를 걸러 티컵에 붓는다.

5   미리 만들어 둔 바닐라 크림을 올린다.

6   흑우롱 찻잎을 적당량 뿌려 올리고 마무리한다.

🍃   풍미와 강한 향을 선호하는 경우 시나몬 파우더를 뿌려도 좋다.

TEA Master's TIP

뜨거운 차에 알코올을 소량만 첨가해도 풍미가 매우 강하게 발산되는 경향이 있습니다. 취향
에 따라 위스키를 제시한 레시피보다 더 넣어도 좋습니다만, 이 경우 차의 향이 위스키보다
옅어질 수 있고 쓴맛이 보다 강하게 나타날 수 있어 당분을 조금 더 첨가하는 것이 좋습니다.
현재 레시피를 무알코올 버전으로 만들 경우 버번 위스키 대신 콜롬보 위스키향 시럽을 사용
하세요.

Rooibos Citron Moscow Mule

루이보스 시트론 모스코 뮬

Ice | Tea Cocktail | Alcohol

레몬 머틀과 그린 루이보스의 싱그러움을 더해 보태니컬한 풍미를 선사하는 모스코 뮬

Profile	Aroma	Taste	Caffeine Level
	레몬, 라임, 진저	깔끔한 단맛, 산뜻하고 강한 신맛, 여린 감칠맛	중간

Note

눈이 내리고 추운 바람이 부는 계절에는 따뜻하고 묵직한 맛을 내는 음식이 나 스파이시한 음식들을 자주 찾게 됩니다. 신선한 라임 주스와 진저에일, 보 드카로 만드는 이 간단한 클래식 칵테일은 다양한 변형 레시피가 있는데, 책 에서는 그린 루이보스에 레몬 머틀과 모과, 오렌지를 블렌딩해 상쾌한 느낌을 주는 알디프의 〈더하기 차〉를 인퓨징한 보드카를 사용해 허브의 싱그러움을 더한 모스코 뮬을 만들어 봅니다.

Making Time   음료 메이킹 3분

Cup   구리 머그

Tool   냉침 보틀, 계량컵, 지거, 아이스 텅, 스퀴저, 바 스푼

Ingredient   `스피릿 인퓨징(약 3잔 분량)` 알디프 〈더하기 차〉 티백 2개, 보드카 150ml

`음료 메이킹` 더하기 차 보드카 45ml(1.5온스), 설탕 시럽 10ml(0.3온스), 진 저에일 150ml, 라임 1개, 애플민트 3~4줄기(약 10g), 시나몬 스틱 1개, 얼음 적 당량

Recipe

스피릿 인퓨징(더하기 차 보드카)

1   냉침 보틀에 알디프의 〈더하기 차〉 티백을 담는다.

2   보드카를 붓고 실온에서 30분간 냉침한다.

3   추출이 끝난 티백은 반드시 건져서 버리고 라벨링해 보관한다.

음료 메이킹

1   라임을 빈으로 잘라 계량컵에 스퀴저로 착즙한다.

2   구리 머그에 얼음을 채운다.

3   구리 머그에 더하기 차 보드카와 착즙한 라임 주스 15ml, 설탕 시럽을
    넣는다.

4   진저에일을 채우고 바 스푼으로 잘 저어준다.

5   시나몬 스틱과 라임 1/2개, 애플민트를 차례로 구리 머그에 장식해 마
    무리한다.

🍃   구리 머그에 알디프의 <더하기 차> 티백 1개를 담아서 제공하면 시각적으로나 풍미적으로도
     더 좋은 품질의 음료가 될 수 있다.

TEA Master's TIP

모스코 뮬은 정말 다양한 변형 레시피가 있어 보다 강조하고 싶은 풍미에 맞춰 술을 변경하
거나 부재료를 추가할 수 있습니다. 기주가 되는 술에 차를 인퓨징해서 간단하게 만드는 레
시피인 만큼 추출 시간이 초과되어 쓰고 떫은맛이 나는 음료가 되지 않도록 추출 시간을 잘
통제하는 것이 중요합니다.

Vegan Ginger Chai Milk Tea

비건 진저 차이 밀크티

Hot | Milk Tea | Non-Alcohol

무가당 두유에 진저 블랙티와 4가지 스파이스를 더해 만든 진한 차이 밀크티

Profile	Aroma	Taste	Caffeine Level
	진저, 시나몬, 소이	묵직하고 진한 단맛, 부드러운 쓴맛, 여린 신맛	높음

Note

찬바람을 자주 쐬게 되는 계절에는 스파이스를 듬뿍 담은 음료를 마시면 금방 몸이 따뜻해지고 기운이 나곤 합니다. 스파이스가 주인공인 차이 티를 만들 때 두유를 사용하면 더욱 풍성한 맛으로 만들 수 있는데, 특히 무가당 두유를 사용하면 당도 조절이 가능한 장점이 있습니다. 이번에는 아크바의 〈진저 블랙티〉 티백과 시나몬 스틱, 스타아니스, 클로브와 흑후추를 담아 두유에 팔팔 끓이는 비건 차이 티를 만들어 봅니다.

Making Time

음료 메이킹 6~7분

Cup

도자기 티컵 앤 소서

Tool

냄비, 집게, 스트레이너, 바 스푼, 지거

Ingredient

아크바 〈진저 블랙티〉 티백 3개, 시나몬 스틱 1개, 스타아니스 2개, 클로브 1개, 통후추(흑후추) 2개, 두유(무가당) 250ml, 설탕 14g

Recipe

1 냄비에 두유를 넣는다.

2 1에 아크바의 〈진저 블랙티〉 티백을 넣는다.

3 2에 시나몬 스틱과 스타아니스, 클로브, 흑후추를 넣고 중불에서 4분 간 끓인다.

4 가장자리에 기포가 조금씩 올라오면 약불로 줄이고 설탕을 넣어 잘 녹 여준다. 두유가 보글보글 끓기 시작하면 30~40초 정도 더 끓인 후 불 을 끈다.

5 집게를 이용해 냄비 안에 있는 티백과 향신료를 제거한다.

6 스트레이너로 잔여물을 거르고 티컵에 음료를 붓는다.

7 작은 스타아니스로 장식하고 마무리한다.

🍃 생강 향을 강조하기 위해 생강 슬라이스를 사용해도 좋지만, 티컵 위에 생강을 장식할 경우 차 이 티의 복합적인 향이 덜 느껴질 수 있다.

TEA Master's TIP

홍차와 스파이스를 듬뿍 담아서 끓이는 차이 밀크티는 맛이 강하고 약간 매운 듯 톡 쏘는 풍 미가 강해서 반드시 설탕을 넣어야 합니다. 건강을 위해 꿀을 넣게 되면 뜨거운 온도에 영양 성분이 파괴되는데, 비건 밀크티라는 정체성도 사라지게 되니 가급적이면 설탕을 사용해 주 세요. 정제당이 불편한 경우에는 마스코바도 같은 비정제 설탕을 사용해도 좋습니다.

Daniel's Honeybush Gapefruit Tea

다니엘스 허니부쉬 자몽티

Ice | Tea Cocktail | Alcohol

쌉싸름한 자몽 과즙에 달콤한 꿀과 허니부쉬, 잭다니엘 위스키를 담은 겨울 시그니처 음료

Profile	Aroma	Taste	Caffeine Level
	자몽, 파인애플, 꿀	매끄러운 단맛, 여린 신맛, 신뜻한 쓴맛	해당 없음

Note

꿀과 자몽 그리고 홍차를 담은 음료는 유명 커피 브랜드에서 출시된 이래로 많은 사랑을 받고 있으며, 지금까지도 대부분의 카페에서 메뉴로 활용하고 있습니다. 꿀, 자몽, 차 3가지 재료를 중심으로 다양한 변형 레시피들이 만들어졌는데, 이번에는 묵직한 질감을 낼 수 있도록 허니부쉬 블렌딩 티인 알디프의 〈비포선셋〉을 자몽즙에 냉침하고 버번 위스키를 더해 어른의 음료로 만들어 봅니다.

Making Time 음료 메이킹 1~2분

Cup 브랜디 글라스

Tool 냉침 보틀, 지거, 바 스푼, 칵테일 픽, 아이스 텅

Ingredient

자몽 주스 티(약 4잔 분량) 알디프의 〈비포선셋〉 티백 3개, 자몽 주스 600ml

음료 메이킹 아카시아 꿀 1티스푼, 자몽 주스 티 150ml, 잭다니엘 위스키 15ml(0.5온스), 자몽 슬라이스 1개, 로즈마리 1줄기, 얼음 적당량

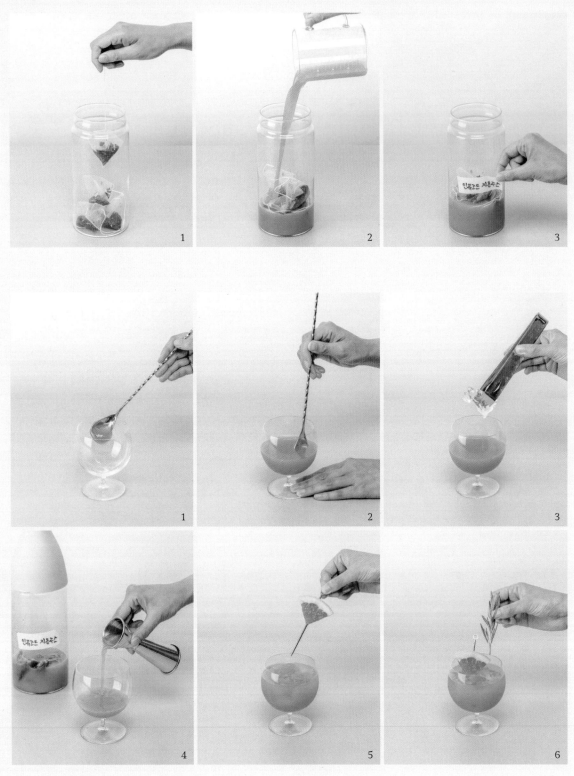

자몽 주스 티

1   냉침 보틀에 알디프의 〈비포선셋〉 티백을 넣는다.

2   자몽 주스를 붓는다.

3   라벨링해 냉장에서 8시간 냉침하고 티백을 제거한다(48시간 이내 전량 소진).

음료 메이킹

1   글라스에 아카시아 꿀을 담는다.

2   자몽 주스 티를 붓고 바 스푼으로 잘 섞는다.

3   글라스에 얼음을 가득 담는다.

4   잭다니엘 위스키를 넣는다.

🍃   위스키는 취향에 따라 30㎖까지 증량이 가능하다.

5   자몽 슬라이스를 45도 각도로 기울여 칵테일 픽에 꽂는다.

6   5와 로즈마리로 장식하고 마무리한다.

TEA Master's TIP

과즙에 차를 냉침할 때는 가급적 허브를 사용하는 것이 쓰거나 떫은맛을 피하기 좋습니다. 물에 냉침할 때보다 시간과 용량을 더 늘려야 하는데, 어떤 과즙을 사용하는지에 따라 같은 용량의 차라도 추출 시간이 달라질 수 있습니다. 또한 실온 추출 시 변질 가능성이 매우 높아 가급적 냉장에서 추출하는 것이 좋습니다.

Hoji Hot Chocolate

호지 핫초콜릿

Hot | Milk Tea | Non-Alcohol

고소한 호지차에 부드러운 밀크 초콜릿을 녹여 만든 핫초콜릿

Profile	Aroma	Taste	Caffeine Level
	구운 견과류, 초콜릿, 구운 곡물	풍성한 단맛, 조화로운 쓴맛	낮음

Note
호지차는 녹차를 로스팅해 카페인 함량이 낮고 편안하게 마실 수 있는 고소한 맛과 향을 지녔습니다. 일본에서는 이 호지차를 활용한 초콜릿 디저트와 커피 음료를 많이 선보이고 있는데요. 기왕이면 커피 대신 우유와 밀크 커버춰 초콜릿을 활용해 고소하고 쌉싸름한 겨울의 맛을 지닌 호지 밀크 초콜릿 음료를 만들어 봅니다.

Making Time
음료 메이킹 5~7분

Cup
텀블러 글라스

Tool
냄비, 바 스푼, 스트레이너, 계량컵, 밀크 포머, 리밍 접시

Ingredient
호지차 3g, 호지차 분말 1/4티스푼(0.5g), 밀크 커버춰 초콜릿 50g, 우유 200ml, 온수(95도) 20ml, 초콜릿 소스 약간, 땅콩 분태 1스푼

Recipe

1 밀크 커버춰 초콜릿을 잘게 다진다.

2 냄비에 호지차와 우유 150ml를 넣고 약불에서 1분간 데운다.

3 계량컵에 호지차 분말과 온수를 넣고 잘 저어 녹인 후 냄비에 붓는다.

4 다진 밀크 커버춰 초콜릿을 냄비에 넣고 저으면서 모두 녹인 후 불을 끈다.

5 리밍 접시에 초콜릿 소스를 담아 글라스 입구에 묻힌 후 땅콩 분태를 리밍한다.

✎ 초콜릿을 녹이기 어려운 경우 시판하는 기라델리 초콜릿 소스를 사용해도 된다.

6 우유 50ml를 내열 계량컵에 담아 전자레인지에 1분 내외로 데운 후 밀크 포머로 거품을 만든다.

7 스트레이너로 찻잎을 거르며 4의 혼합 음료를 글라스에 붓는다.

8 6의 우유 거품을 글라스에 적당량 올린다.

9 땅콩 분태를 거품 위에 올려 마무리한다.

TEA Master's TIP

뜨거운 음료에 리밍할 때는 리밍한 재료가 녹아내릴 수 있으니 적당히 리밍해야 합니다. 너무 많은 소스를 묻히게 되면 줄줄 흘러내려서 보기에 좋지 않을 수 있습니다.

Hallabong Yogurt Cream Apple Tea Soda

한라봉 요거트 크림 애플티 소다

Ice | Cream Tea | Non-Alcohol

상큼한 애플티에 그레나딘과 제주 한라봉 크림을 더해 청량하고 새콤달콤한 티 소다

Profile	Aroma	Taste	Caffeine Level
	애플, 히비스커스, 한라봉	풍부한 단맛, 산뜻한 신맛	해당 없음

Note

춥고 흐린 날씨가 계속되면 상큼하고 기분전환이 될 수 있는 과일 음료를 찾는 사람들이 많아집니다. 특히 산미가 있는 음료, 예를 들면 유자나 한라봉 같은 시트러스 과일이 들어간 음료를 익숙하게 찾게 되는데요. 이번에는 제주 한라봉을 듬뿍 담은 한라봉 요거트 크림을 만들고, 히비스커스와 사과가 들어있어 비타민을 충전할 수 있는 아일레스 티의 〈애플〉을 우려 새콤달콤하게 기분전환할 수 있는 귀여운 비주얼의 티 소다를 만들어 봅니다.

Making Time

음료 메이킹 1~2분

Cup

하이볼 글라스

Tool

볼, 핸드믹서, 크림 스푼, 계량컵, 바 스푼, 지거, 스패출러, 아이스 텅, 냉침 보틀

Ingredient

한라봉 크림(약 5-6잔 분량) 생크림 260ml, 우유 40ml, 요거트 파우더 10g, 한라봉 베이스 60g

티 베이스(약 6잔 분량) 아일레스 티 〈애플〉 티백 5개, 온수(95도) 360ml, 얼음 140g

음료 메이킹 그레나딘 시럽 20ml, 티 베이스 70ml, 얼음 적당량, 토닉워터 1캔, 한라봉 크림 50g, 스프링클 적당량, 후르츠링 3개

한라봉 크림

1   볼에 생크림과 우유, 요거트 파우더를 넣는다.

2   1에 한라봉 베이스를 넣는다.

3   핸드믹서로 크림이 부드럽게 흘러내리는 질감이 될 때까지 휘핑하고
    냉장 보관한다(48시간 이내 전량 소진).

티 베이스

1   계량컵에 아일레스 티의 〈애플〉 티백을 넣고 온수를 부어 5분간 추출
    한다.

2   다 우린 차의 티백을 위아래로 5번가량 흔들어준 후 제거하고 얼음을
    140g 정도 담아 쿨링한다.

3   보틀에 차를 담고 라벨링해 냉장 보관한다(48시간 이내 전량 소진).

음료 메이킹

1   글라스에 그레나딘 시럽과 티 베이스를 붓는다.

2   얼음을 글라스에 8개가량 넣는다.

3   토닉워터를 60ml가량 붓고 바 스푼으로 잘 섞는다.

4   크림 스푼으로 한라봉 크림을 올린다.

5   크림 윗면에 스프링클을 적당량 뿌린다.

6   5에 후르츠링 3개를 나란히 장식하고 마무리한다.

TEA Master's TIP

유제품에 산성이 더해지면 몽글몽글하게 유청과 유단백이 분리되는 현상이 발생합니다. 시트러스를 크림에 더할 때는 가급적 생과일을 쓰기보다는 당절임한 제품을 사용하는 것이 분리 현상을 줄이는 데 도움이 됩니다. 사용하는 제품의 전성분을 확인하고 산성이 적은 제품을 선택해 주세요.

Spirits Irish Black Tea

스피릿 아이리시 블랙티

Hot | Tea Cocktail | Alcohol

뜨거운 홍차에 아이리시 위스키와 신선한 생크림을 더한 묵직한 맛의 겨울 티 칵테일

Profile	Aroma	Taste	Caffeine Level
	몰트, 오크우드, 시나몬	깔끔한 단맛, 산뜻한 쓴맛, 여린 신맛	해당 없음

Note

아이리시 위스키는 겨울 티 음료에 활용하기 좋은 증류주입니다. 특히 개성이 뚜렷한 아쌈 지역 홍차와 함께 사용하면 너트, 바닐라, 몰트의 복합적인 풍미를 내는 음료를 만들 수 있습니다. 여기에 풍성한 맛의 바닐라 생크림을 올려 마무리하면 클래식 칵테일 아이리시 커피처럼 한겨울의 추위를 단번에 녹여 줄 수 있는 달콤 쌉싸름한 겨울 칵테일이 될 수 있습니다. 이번에는 제임슨 위스키와 아쌈 홍차, 그리고 생크림을 더해 겨울 시즌의 특별한 티 칵테일을 만들어 봅니다.

Making Time

음료 메이킹 4~5분

Cup

필스너 글라스

Tool

볼, 핸드믹서, 티포트, 지거, 바 스푼, 스트레이너, 크림 스푼, 스패츌러

Ingredient

우유 크림(약 2~3잔 분량) 생크림 100ml, 우유 20ml, 설탕 10g

음료 메이킹 아쌈 홍차 5g, 온수(95도) 250ml, 제임슨 위스키 30ml(1온스), 설탕 15g, 우유 크림 50g, 시나몬 파우더 적당량, 금분 적당량

Recipe

우유 크림

1   볼에 생크림과 우유를 넣는다.

2   1에 설탕을 넣는다.

3   핸드믹서로 크림 부피가 2배, 60% 정도 단단해져서 천천히 흐르는 질
    감이 될 때까지 혼합한다.

음료 메이킹

1   티포트에 아쌈 홍차를 넣고 온수를 부어 2분간 추출한다.

2   차를 우리는 동안 글라스에 제임슨 위스키를 붓는다.

3   설탕을 넣고 잘 저어서 섞는다.

4   우린 차를 스트레이너로 걸러 글라스에 붓는다.

5   크림 스푼을 이용해 미리 준비한 우유 크림을 올린다.

6   시나몬 파우더를 소량 뿌리고 금분 1~2조각을 중앙에 장식한 후 마무
    리한다.

TEA Master's TIP

스피릿 티에 커피를 추가해서 아이리시 커피의 변형 레시피 같은 느낌으로 마무리하고 싶을
때는 가급적 에스프레소보다는 드립커피를 활용하는 편이 좋습니다. 에스프레소를 사용하게
되면 홍차의 풍미가 거의 느껴지지 않을 수 있습니다. 여의치 않다면 콜드브루를 조금 첨가
하는 것도 좋습니다.

Winter Night Vin Chaud

윈터 나이트 뱅쇼

Hot | Tea Cocktail | Alcohol

화이트 와인에 4가지의 스파이스와 루이보스, 레드베리를 가득 담아 만든 시그니처 티 뱅쇼

Profile	Aroma	Taste	Caffeine Level
	레드베리, 생강, 사과	가벼운 신맛, 부드러운 단맛	해당 없음

Note

유럽의 전통 음료 뱅쇼는 레드 와인에 시나몬, 클로브, 카르다몸처럼 이국적인 향신료와 사과 같은 과일을 넣고 따뜻하게 끓여 마시는 것이 기본이지만, 만드는 사람마다 각자 다른 레시피를 사용할 정도로 다양한 버전이 있습니다. 이번에는 산뜻한 맛을 위해 화이트 와인을 사용해서 레드베리 향의 알디프 〈나랑갈래〉 티와 4가지 향신료에 말린 사과를 담은 알디프의 〈바디 앤 소울〉 티를 함께 끓이는 티 칵테일을 만들어 봅니다.

Making Time

음료 메이킹 7~10분

Cup

내열 유리 머그

Tool

냄비, 스트레이너, 칵테일 픽, 집게, 바 스푼

Ingredient

화이트 와인 1/2병, 알디프의 〈나랑갈래〉 티백 1개, 알디프의 〈바디 앤 소울〉 티백 2개, 설탕 12g, 오렌지 웨지 3개, 오렌지 슬라이스 1개, 사과 웨지 3개, 믹스베리 10g, 온수(95도) 100ml, 믹스베리 종류별 각 1개씩(가니쉬용)

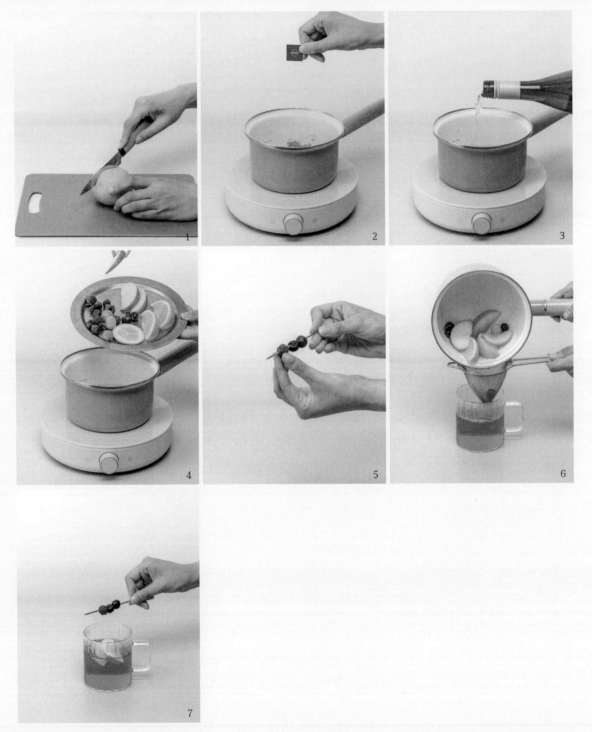

1 오렌지, 사과를 모두 슬라이스해 준비한다.

2 냄비에 알디프의 〈나랑갈래〉 티백과 〈바디 앤 소울〉 티백을 넣고 온수를 부은 후 중불에서 2분간 끓인다(물이 절반으로 줄 때까지).

3 화이트 와인 200ml를 냄비에 붓는다.

4 사과 2개, 오렌지 3개, 믹스베리와 설탕을 냄비에 넣고 5분간 중약불에 끓인다.

🍃 알코올이 부담스러운 경우 10분간 가열한다. 산미가 강하지 않은 화이트 와인 또는 포도 주스를 사용할 경우 설탕을 줄이거나 제외해도 된다.

5 뱅쇼를 끓이는 동안 칵테일 픽에 믹스베리 가니쉬를 꽂는다.

6 스트레이너를 사용해 머그에 끓인 와인을 걸러가며 붓는다.

7 오렌지 슬라이스와 사과, 가니쉬 픽으로 장식해 마무리한다.

🍃 끓일 시간을 확보하기 곤란한 경우 전날 저녁에 미리 대량으로 끓인 뱅쇼를 병입하여 냉장 보관했다가 빠르게 데워서 가니쉬를 담아 제공해도 좋습니다(냉장 보관 시 48시간 이내 전량 소진 권장).

TEA Master's TIP

뱅쇼는 향신료와 과일을 듬뿍 담아 끓여 알코올을 기화하면서 만드는 음료로 와인이 원래 가지고 있는 풍미에서 많은 변화가 생기게 됩니다. 이에 고가의 와인보다는 일반적으로 활용하기 좋은 와인을 사용하는 것이 좋습니다. 화이트 와인의 경우에는 샤도네이, 소비뇽블랑 품종으로 만든 화이트 와인을 사용하면 산뜻하고 화사한 뱅쇼를 즐길 수 있습니다.

Green Mate Zero Vanilla Milk Tea

그린 마테 제로 바닐라 밀크티

Hot | Milk Tea | Non-Alcohol

달콤한 망고와 파인애플, 그리고 부드러운 바닐라의 풍미가 매력적인 제로 슈거 밀크티

Profile	Aroma	Taste		Caffeine Level
	파인애플, 망고, 바닐라	가볍고 부드러운 단맛, 산뜻한 쓴맛		중간

Note　브라질에서 생산하는 에너제틱 허브, 그린 마테는 미네랄과 비타민 성분이 풍부해 건강한 라이프스타일을 지향하는 사람들에게 사랑받고 있습니다. 마테는 밀크티로 활용하면 보태니컬한 느낌을 줄 수 있어 우유나 오트 밀크와의 조합도 좋은 편인데요. 이번에는 열대과일 향기가 진한 다질리언의 〈베리메리마테〉에 우유와 제로 바닐라 시럽을 더해 추위로 움직임이 적어진 겨울에 활력을 줄 수 있는 그린 마테 밀크티를 만들어 봅니다.

Making Time　음료 메이킹 3분

Cup　도자기컵 앤 소서

Tool　계량컵, 밀크 포머, 바 스푼, 지거, 크림 스푼

Ingredient　다질리언 〈베리메리마테〉 티백 2개, 온수(90도) 70ml, 우유 150ml, 제로 바닐라 시럽 25~30ml, 찻잎 적당량

1 계량컵에 다질리언의 〈베리메리마테〉 티백을 넣고 온수를 부어 전자
   레인지에 30초 정도 돌린다.

2 1에 우유를 붓고 1분 30초간 데운다.

3 제로 바닐라 시럽을 넣고 잘 섞어준다.

4 티백 제거 후 계량컵의 우유를 밀크 포머에 절반 정도 담고 거품을 만
   든다.

5 컵에 포밍하지 않은 우유를 따른다.

6 5에 포밍한 우유를 따른다.

7 우유 거품 위에 찻잎을 장식해 마무리한다.

TEA Master's TIP

마테는 허브 중에서도 카페인 함량이 높은 편에 속합니다. 주로 에너지 부스팅이 필요하거나
디톡스가 필요한 경우에 마시는 기능성 블렌딩에 많이 등장하는 원료로 오전부터 낮시간 동
안 활용되는 음료에 사용하는 것이 좋습니다. 카페인 섭취를 줄이기 위해서는 페퍼민트 또는
레몬 머틀과 같은 무카페인 원료를 추천합니다.